互联网+珠宝系列教材

宝石学基础

（第二版）

BAOSHIXUE JICHU

张 娟　张 哲　周永哲　编著

中国地质大学出版社
ZHONGGUO DIZHI DAXUE CHUBANSHE

图书在版编目(CIP)数据

宝石学基础/张娟,张哲,周永哲编著. —2 版. —武汉:中国地质大学出版社,2024.1
互联网+珠宝系列教材
ISBN 978-7-5625-5741-8

Ⅰ.①宝…　Ⅱ.①张…②张…③周…　Ⅲ.①宝石-教材　Ⅳ.①P578

中国国家版本馆 CIP 数据核字(2023)第 249085 号

宝石学基础(第二版)	张娟　张哲　周永哲　编著

责任编辑:何煦	选题策划:张琰　何煦	责任校对:何澍语

出版发行:中国地质大学出版社(武汉市洪山区鲁磨路388号)	邮政编码:430074
电　话:(027)67883511	传真:67883580	E-mail:cbb@cug.edu.cn
经　销:全国新华书店		http://www.cugp.cug.edu.cn
开本:787mm×1092mm 1/16	字数:250 千字	印张:9.75
版次:2016 年 7 月第 1 版　2024 年 1 月第 2 版	印次:2024 年 1 月第 1 次印刷
印刷:武汉市籍缘印刷厂	
ISBN 978-7-5625-5741-8	定价:58.00 元

如有印装质量问题请与印刷厂联系调换

互联网+珠宝系列教材

参编单位
(按音序排列)

安徽工业经济职业技术学院
北京城市学院
北京经济管理职业学院
广州番禺职业技术学院
海南职业技术学院
昆明冶金高等专科学校
兰州资源环境职业技术大学
辽宁地质工程职业学院
宁夏工商职业技术学院
青岛经济职业学校
青岛幼儿师范高等专科学校
陕西国际商贸学院
上海工商职业技术学院
上海建桥学院
上海市机械工业学校
上海信息技术学校
上海远东现代职业培训中心
深圳市博伦职业技术学校
四川文化产业职业学院
武汉工程科技学院
武汉市财贸学校
梧州学院
新疆职业大学
云南国土资源职业学院
郑敬诒职业技术学校

学习目的及学习方法

学习"宝石学基础"的主要目的如下。

(1)懂得宝石学的基本原理,获得系统的宝石学基础知识。

(2)为进一步学习专业知识打下一个良好的基础,初步认识一些重要的宝石。

(3)掌握有效观察和测试常见宝石的方法,如可以通过肉眼观察某些特征,鉴别部分市场常见的宝石。

学习本书的方法如下。

(1)本书内容较抽象、理论性较强,大家可以一边学习一边摘取关键的专业名词进行记录、汇总、串联。

(2)有条件的情况下,可以学习、查阅相关参考资料,使用自己的语言来解释相关的专业名词。

(3)老师可根据书中穿插的思考题组织分组讨论,汇集讨论结果,还可在课堂上专门安排时间对学生的讨论结果进行解答。

前 言

随着社会经济的发展,各行各业对人才的需求呈现出多样化的特点,对应用技术型人才的需求也显得十分迫切。同时,高等教育大众化的进程,进一步推动了院校的转型及发展,培养适应产业升级、高素质的应用技术型人才,是社会经济发展对院校发展提出的新要求。因此,构建理论与实践相结合的教学体系,以培养更多能满足社会经济发展需要的应用技术型人才十分必要。

武汉工程科技学院作为湖北省首批应用技术型试点高校,深入贯彻党的二十大精神,全面贯彻党的教育方针,以培养产业转型升级和公共服务发展需要的高层次应用型人才为主要目标,以推进产教融合、校企合作为主要路径,在政府的指导和支持下,切实转变思想观念,大力推动体制机制创新,深化教育教学改革,建设特色鲜明的珠宝类专业集群人才培养模式,以服务于珠宝产业链各环节。

为了契合院校高质量发展的目标,宝石及材料工艺学专业作为一流特色专业作出了大胆的改革与创新。我们对教学模式、教学内容、教学方法均作出相应调整,教学模式由原来的教师主导型逐渐转变为学生主导型,重点培养学生自主学习、举一反三的能力。因此,本教材在第一版的基础上作出了相应的调整,增加了丰富的电子资源,力求更加实用。

《宝石学基础》可以作为宝石及材料工艺学、产品设计(珠宝首饰设计)、宝玉石鉴定与加工等相关专业的专业基础课教材,涉及宝石学的基础理论知识。本书是编著者在长期工作实践和专业教学的基础上,参考了国内外一系列研究资料编著而成的。本书可作为本专科院校的教材,也适合广大宝石爱好者阅读自学,并可供相关从业者参考。

本书由张娟、张哲、周永哲编著，其中张娟编著了约15万字，张哲编著了约10万字，周永哲负责图片整理。全书由张娟统稿。本书的出版离不开武汉工程科技学院艺术与传媒学院宝石教研室全体老师的支持、中国地质大学（武汉）珠宝学院包德清教授的悉心指导及中国地质大学出版社编辑的大力协作。此外，安徽卡萨珠宝贸易有限公司给本书提供了精美的图片。在此一并感谢。

全书PPT

拓展视频

编著者

2023年6月5日

目　录

模块一　认识宝石 ……………………………………………………………………（1）
　　任务一　了解宝石学基础的研究对象及主要研究内容 ……………………………（2）
　　任务二　掌握宝石的定义及特征 ……………………………………………………（2）

模块二　学习普通地质学基础 ………………………………………………………（4）
　　任务一　认识地球的圈层构造 ………………………………………………………（5）
　　任务二　认识地质作用与宝石的形成 ………………………………………………（7）
　　习　题 …………………………………………………………………………………（12）

模块三　学习宝石的化学成分 ………………………………………………………（14）
　　任务一　了解宝石化学成分的类型 …………………………………………………（15）
　　任务二　区分类质同象与同质多象 …………………………………………………（19）
　　习　题 …………………………………………………………………………………（24）

模块四　学习宝石的结晶学特征 ……………………………………………………（26）
　　任务一　掌握晶体的概念与基本性质 ………………………………………………（27）
　　任务二　学习晶体的对称 ……………………………………………………………（30）
　　任务三　掌握晶体常数特点 …………………………………………………………（34）
　　任务四　区分单形与聚形 ……………………………………………………………（38）
　　任务五　认识双晶 ……………………………………………………………………（42）
　　任务六　描述宝石的结晶习性 ………………………………………………………（45）
　　习　题 …………………………………………………………………………………（54）

模块五　学习晶体光学基础 …………………………………………………………（56）
　　任务一　了解光的本质 ………………………………………………………………（57）

任务二　掌握光的折射与全反射 ·· (61)
　　任务三　区分均质体与非均质体 ·· (65)
　　任务四　学习光的干涉与衍射 ·· (67)
　　任务五　学习光率体 ··· (70)
　　习　题 ·· (80)

模块六　学习宝石的物理性质 ·· (82)
　　任务一　掌握宝石的光学性质 ·· (83)
　　任务二　学习宝石的力学性质 ·· (98)
　　任务三　了解宝石的其他物理性质 ··· (107)
　　习　题 ·· (109)

模块七　掌握宝石的分类及命名原则 ···································· (112)
　　任务一　掌握宝石的分类 ··· (113)
　　任务二　掌握宝石的命名原则 ·· (115)
　　习　题 ·· (119)

模块八　学习宝石的包体 ·· (120)
　　任务一　掌握宝石包体的概念 ·· (121)
　　任务二　掌握宝石包体的分类 ·· (124)
　　任务三　规范描述宝石的包体 ·· (130)
　　习　题 ·· (132)

模块九　设计宝石的琢型 ·· (134)
　　任务一　学习常见琢型的分类及其特点 ······································ (135)
　　任务二　宝石琢型的定向 ··· (142)
　　习　题 ·· (143)

主要参考文献 ··· (145)

模块一　认识宝石

任务及要求

❖ 了解宝石学研究对象

❖ 了解宝石学主要的研究内容

❖ 掌握宝石的定义及三大特征

任务一 了解宝石学基础的研究对象及主要研究内容

宝石学作为矿物学的一个分支,主要以宝石(包括玉石、宝石原料)为研究对象,围绕宝石的鉴定(包括原石的鉴别)、宝石的合成与仿制、宝石的优化与处理、宝石的加工与制作、宝石的勘探与开采及宝石营销等展开研究,涉及宝石鉴定仪器、首饰用贵金属材料的性能、宝石的历史文化等方面,是一门独立的综合性学科。

宝石学基础作为宝石学体系中所有专业课的基础,包括与宝石性质相关的所有基础知识,理论性较强。学好它可为后期的宝石鉴定、加工、合成、优化处理等打下坚实的理论基础。

宝石学基础的研究内容主要包括以下几个方面。

(1)宝石的结晶学特点。绝大多数宝石属于晶体,而宝石的大部分性质都与其结构密切相关,因此在宝石的结晶学特征方面,本书以晶体对称性、晶系的分类及特点、各晶系的重要单形为研究重点。

(2)宝石的晶体光学特点。结合光学基础知识,建立几何模型来进一步探讨宝石的晶体光学特点。

(3)宝石的物理性质与化学性质。宝石鉴定均为无损鉴定,而且宝石所表现出来的外观特征都与其光学性质有关,所以本书以物理性质中的光学性质为研究重点。

(4)宝石的包裹体。书中设计了典型包裹体的符号,在学习宝石显微镜用法时,它们可以帮助大家更有效地观察和认识宝石的包裹体,切实掌握观察包裹体的方法,在后续的专业课学习中能做到举一反三。

任务二 掌握宝石的定义及特征

广义上,一切可以琢磨或雕刻成首饰或工艺品的材料均可称为宝石(gem),包括天然和人工材料,人工材料如琉璃、软陶等。狭义的宝石则指自然界中产出的美丽、耐久、稀少的,可琢磨或雕刻成首饰或工艺品的单晶矿物、岩石(集合体矿物)及部分有机材料。

因此,宝石必须具备三大特征,即美丽、耐久、稀少。宝石的价值在很大程度上取决于这三大特征。

1. 美丽

绚丽夺目是宝石最重要的特征。例如：有些无色钻石晶莹剔透，同时显示不同程度的火彩和亮度；一些红宝石、蓝宝石、祖母绿及翡翠等具有纯正而鲜艳的色彩；一些欧泊在转动时会出现变化丰富的色斑；月光石表面常会呈现出一种类似于朦胧月光的特殊光学效应；有些宝石表面会出现类似于猫眼的明亮光带，或几条交叉的光带；变石能够在日光下呈现绿色，而在灯光下变成红色。这些都是宝石美丽的体现。

2. 耐久

质地坚硬、经久耐用是宝石的另一个重要特征。大多数宝石能够抵抗摩擦等外力的破坏和化学侵蚀，使其美丽的外观长久保存下来。宝石的耐久性在很大程度上取决于宝石的硬度与韧性。自然界中的粉尘大多是摩氏硬度为7的石英，所以通常摩氏硬度高于7的宝石可经受粉尘长期的摩擦，它们大多为贵重宝石。而硬度较低的宝石，如萤石、寿山石等，则不适合用来做首饰长期佩戴，它们虽拥有美丽的外观，但仅适合作为雕件观赏。我国国玉和田玉，摩氏硬度虽不高(6.5，因品种不同略有差异)，但其内部的纤维交织状结构使它具有非常好的韧性，而利于长期保存。

3. 稀少

物以稀为贵，宝石的这一属性在很大程度上决定了其价值。钻石的昂贵不仅因为它各方面的光学性质都是非常突出的，还因为它稀少。水晶同样绚丽、晶莹剔透，但由于产量大，也只能算作中低档宝石。由于不可再生性，世界宝石资源越来越少，许多宝石价格不断上涨。宝石作为"硬通货"的趋势逐渐明显，有望和黄金一样成为流通的媒介。

模块二　学习普通地质学基础

任务及要求

❖ 了解我们赖以生存的地球

❖ 了解地球的外部圈层构造

❖ 重点掌握地球的内部圈层构造

❖ 了解地质作用

❖ 熟练掌握三大岩与宝石形成的联系

任务一 认识地球的圈层构造

宇宙(cosmos)是由空间、时间、物质和能量构成的统一体。"宇"是空间的概念,是无边无际的;"宙"是时间的概念,是无穷无尽的。宇宙是无限的空间和无限的时间的总和。在宇宙空间中弥漫着形形色色的物质,如恒星、行星、尘埃、气体等,它们都在不停地运动、变化着。

太阳系(solar system)是由太阳和围绕它运动的天体(行星及其卫星与环系、小行星、慧星等)构成的体系及其占有的空间区域。

一、地球概况

我们赖以生存的地球是太阳系八大行星之一,是离太阳第三近的行星。它与太阳的平均距离约为 1.496×10^8 km,太阳光只需要 8 分 19 秒就能到达地球。同时地球也是太阳系中直径、质量和密度最大的类地行星(是指以硅酸盐岩石为主要成分的行星)。地球的平均半径约为 6372km,赤道周长约为 40 075km,整个形状类似一个夸张的梨形。

地球并不是孤立地存在于宇宙之中的,而是与其他天体通过能量和物质的交换保持着密切的联系并相互影响着。它是一个不断运动着的行星,除了在太阳系中每时每刻都进行着公转和自转以外,其内部也每时每刻都在进行着各种复杂的地质作用。这些造就了地球丰富多变的矿物与岩石。

地球的物质成分及性质是不均一的,具有圈层构造的特征。地面以上的圈层称为外部圈层,地面以下的圈层称为内部圈层。

二、外部圈层构造

外部圈层包括大气圈(atmosphere)、水圈(hydrosphere)和生物圈(biosphere)。

1. 大气圈

环绕地球的由气态物质组成的圈层称为大气圈。它是一个由约78%的氮气、约21%的氧气、约1%的氩气和微量的其他成分(包括二氧化碳和水蒸气等)组成的厚密大气层。地球大气层的构成并不稳固,其中成分亦受生物圈影响,如大气中大部分的氧气是地球植物通过太阳能量制造出来的。土壤和某些岩石中也有某些气体,存在于大气圈的地下部分,其深度一般不超过2km。

大气圈向上逐渐稀薄,无明显上界,厚度为1000km以上。由于地心引力的作用,大气圈75%的质量集中在地面以上15km范围内,95%的质量集中在地面以上20km范围内。随着高度的增加,整个大气层分为对流层、平流层、中间层、电离层和散逸层。大气层是地球表面和太阳之间的缓冲。

2. 水圈

地球是太阳系中唯一表面含有液态水的行星。水覆盖了地球表面约71%的面积(96.5%是海洋水,3.5%是陆地水)。它与大气圈、生物圈的相互作用,直接关系到影响人类活动的表层系统的演化。水圈也是外动力地质作用的主要介质之一,是塑造地球表面最重要的角色之一。它指地球表层和围绕地球的大气层中存在着的各种形态的水,包括液态、气态和固态的水。

我们所熟知的珍珠、珊瑚、贝壳、砗磲、玳瑁等有机宝石均来自水圈。珍珠被誉为"宝石皇后",珊瑚则素来有"海底黄金"的美誉。

3. 生物圈

地球是目前已知的唯一有生命存在的地方。这些生物包括动物、植物和微生物。生物分布的范围相当广泛,大量生物集中在地表和水圈上层。所以,生物圈与大气圈、水圈以及岩石圈是互相渗透的,没有严格的界线。地球上的生物大约自35亿年前开始出现。

三、内部圈层构造

在地震法引入地球研究以后,人们才逐渐对地球的内部圈层构造有所了解。以两个极重要的界面——莫霍面和古登堡面为界,人们将地球内部划分为地壳、地幔和地核(内地核、外地核)三大部分。

1. 地壳

如图2-1所示,莫霍面以上由固体岩石组成的圈层即地壳(crust),它是固体地球最外层的薄壳。地壳的特点是横向变化大,各地厚度不一。在大陆部分,平均厚度为33km,最厚可达70~80km;在海洋范围内,平均厚度为6~8km。地壳中存在一个不连续的次级界面,它将地壳分为上、下两个部分。上地壳厚约15km,主要成分是硅、铝,又称为硅铝层

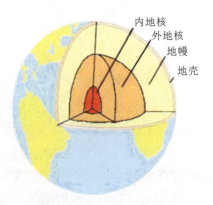

图2-1 地球内部圈层构造

或花岗质岩壳。下地壳主要成分是硅、铁、镁和铝，又称为硅镁层或玄武质岩壳。绝大部分宝石为硅酸盐类矿物，产自地壳。

2. 地幔

古登堡面以上、莫霍面以下的圈层被称作地幔（mantle），其底界深度约为 2890 km，它是地球的主体。一般认为下地幔是固态的，上地幔由具有较大塑性的固态物质所构成。

地幔特别是上地幔与地壳的关系极为密切。其顶部盖层仍由固体岩石组成，习惯上将它与地壳一起合称为岩石圈（lithosphere）。岩石圈以下，是一个具有软塑性和流动性的圈层，称为软流圈。这里可能是岩浆发源地，热对流活动活跃，推动了岩石圈板块的运动。岩石圈和软流圈是地质构造发生、发展的区域，它们一起被称为构造圈。

3. 地核

古登堡面以下直至地心的部分，称为地核（core）。深度范围为 2890～6378 km。地球是太阳系中密度最大的行星，但地球表面物质的密度不大。一般认为在地核中存在密度大的物质，科学家推测地核可能主要由铁和少量镍组成。

任务二　认识地质作用与宝石的形成

一、地质作用

地球是一个充满活力，不断发展、变化的星球。地球的内部和表面无时无刻不在变化着，这些变化都是由自然动力（地质营力）造成的。这种由地质营力引起的地球的物质组成、内部结构和地表形态变化及发展的作用称为地质作用（geological process）。根据地质营力是来自地球内部还是外部，地质作用（表 2-1）可分为内力地质作用（endogeneous geological process）和外力地质作用（exogeneous geological process）。

1. 内力地质作用

由内地质营力引起的，使地球内部的物质组成、内部结构以及地表形态发生改变的作用称为内力地质作用。内力地质作用是促进地球特别是岩石圈演化与发展的主要原因，它包括构造作用、岩浆作用、变质作用等。这些作用或者造成岩石圈的机械变形，或者造成岩浆的侵入、喷出，或者造成岩石成分、结构构造的变化,又或者引起地面的快速颤动。这些地质作用改变了地球的面貌,造就了丰富的矿产资源,形成多姿多彩的地质现象(图2-2)。

表2-1 地质作用的类型

地质作用	外力地质作用	按地质营力划分	河流地质作用
			海洋地质作用
			地下水地质作用
			冰川地质作用
			风的地质作用
			湖泊地质作用
			生物地质作用
		按作用程序划分	风化作用
			剥蚀作用
			搬运作用
			沉积作用
			成岩作用
	内力地质作用		构造作用
			岩浆作用
			变质作用
			地震作用

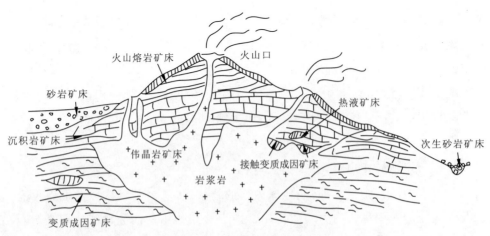

图2-2 矿床成因综合模式简图

· 8 ·

2. 外力地质作用

外力地质作用是由外地质营力引起的,也就是以太阳能和日月引力能等为能源并由大气、水、生物等因素引起的地质作用,主要发生在地壳的表层。按作用程序可划分为风化作用、剥蚀作用、搬运作用、沉积作用和成岩作用。

在地表条件下,自然界的岩石和矿物受到水、冰、风、生物等因素的影响,在原地发生机械崩解或化学分解,形成松散堆积物的过程,称为风化作用。剥蚀作用是将风化产物从岩石和土壤上剥离下来,同时也对未风化的岩石和土壤进行破坏,不断改变着它们的面貌。两者的区别在于风化作用是多种地质营力在原地对岩石进行破坏,而剥蚀作用是某一种地质营力在运动过程中对岩石进行破坏,并把破坏的产物带离原地。破坏产物被介质以不同形式搬运到新的环境中,在一定条件下(如流水的流速降低、溶液过饱和等)发生沉积,新形成的沉积物是松散的,经过长期的压实、脱水等成岩作用后,最终形成坚硬的岩石。

内力地质作用与外力地质作用是相互区别又相互联系的。内力地质作用造成了地表的高低起伏,控制着地球表面的基本轮廓;外力地质作用则降低地表的起伏,同时塑造局部地表形态。

二、岩石的类型与宝石的形成

矿物是由地质作用或宇宙作用形成的,具有一定的化学成分和内部结构的,在一定的物理化学条件下相对稳定的天然单质或化合物,通常为固体的无机晶质材料,也包括非晶质材料琥珀、欧泊、天然玻璃等。矿物是岩石的基本组成单位。绝大部分宝石为矿物,此外还包括珍珠、珊瑚等。岩石则是在一定地质条件下自然产出的,具有一定结构、构造的矿物集合体。自然界中的岩石种类繁多,根据其成因可分为岩浆岩(火成岩,magmatic rock)、沉积岩(sedimentary rock)和变质岩(metamorphic rock)三大类。宝石作为地质作用的产物,其形成的地质条件非常复杂,与这三大岩有着密不可分的联系。

三大岩之间的界限并不截然,其间有逐渐过渡的关系。因此它们虽然各有特点,但彼此间常有密切的联系,它们之间的关系和演变情况可以参见图2-3。不过这些相互之间的关系,并不是简单的循环重复,而是不断向前发展的。

1. 岩浆岩

一般认为,岩浆是在上地幔和地壳深处形成的,以硅酸盐为主要成分的炽热、黏稠、富含挥发物质的熔融体。岩浆岩则是岩浆冷凝以后形成的岩石。但是岩浆在冷凝和结晶的过程中失去了大量挥发分,所以岩浆岩的成分与岩浆不完全相同。

根据岩浆活动的特点可将岩浆岩划分为侵入岩和火山岩。岩浆从深部发源地沿着薄弱地带上升,逐渐冷却而凝结,如果上升时未到达地表就冷凝形成岩石,这种作用过程称为侵入活动,由此而形成的岩浆岩称为侵入岩。在地下较浅处的侵入岩为浅成岩,在地下较深处(一般指3km以下)的侵入岩为深成岩。

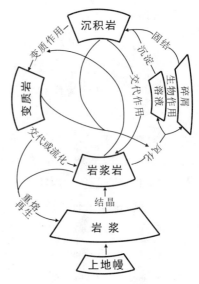

图2-3 三大类岩石相互关系图

岩浆从深部发源地上升,直接溢出地表,甚至喷到空中,这种作用称为喷出作用或火山作用,由此而形成的岩浆岩称为火山岩。火山岩又可分为两种类型:一种是由流出地面的熔浆冷凝而成的岩石,叫作熔岩;另一种主要是由火山强烈爆发出来的各种碎屑物质堆积而成的岩石,叫作火山碎屑岩。

根据其化学成分,特别是SiO_2的含量可将岩浆岩划分为四类(表2-2):超基性岩、基性岩、中性岩、酸性岩。虽然组成岩浆岩的矿物种类很多,但主要矿物有石英、钾长石、斜长石、黑云母、角闪石、辉石、橄榄石,它们被称为主要造岩矿物。其中石英、钾长石、斜长石等矿物中SiO_2、Al_2O_3含量高,颜色浅,称为浅色矿物(硅铝矿物);而黑云母、角闪石、辉石、橄榄石等矿物中FeO、MgO含量高,SiO_2、Al_2O_3含量低,颜色深,称为暗色矿物(铁镁矿物)。

表2-2 岩浆岩分类

岩石类型	SiO_2含量	主要矿物	深成岩	浅成岩	喷出岩
超基性岩	<45%	橄榄石、辉石	橄榄岩、辉石岩	金伯利岩、苦橄玢岩	苦橄岩
基性岩	45%~52%	辉石、斜长石	辉长岩	辉绿岩	玄武岩
中性岩	52%~63%	斜长石、角闪石(辉石、黑云母)	闪长岩	闪长玢岩	安山岩
酸性岩	>63%	钾长石、斜长石、石英、黑云母、角闪石	花岗岩	花岗斑岩	流纹岩

由岩浆成矿作用而形成（即产自岩浆岩）的宝石有很多。例如，主要造岩矿物中的橄榄石，石英族中的各色水晶，长石族中的月光石、晕彩拉长石，辉石族中的透辉石和顽火辉石等，都是常见的宝石品种。还有被大家所熟知的金伯利岩中产出的钻石（图2-4）、石榴石，玄武岩中产出的橄榄石、蓝宝石，伟晶岩中产出的海蓝宝石（图2-5）、托帕石、碧玺等。

图2-4 产自金伯利岩的钻石晶体

图2-5 产自伟晶岩的海蓝宝石晶体

2. 变质岩

变质岩是原岩（岩浆岩、沉积岩或早期形成的变质岩）在特定的环境中由于高温、高压和化学活动性流体的作用，在固态状态下发生成分、结构、构造的变化而形成的岩石。变质岩约占地壳总体积的27.4%，如大理岩、蛇纹岩均为典型变质岩。

变质岩中既有原岩成分的物质成分，也可有变质过程中新产生的成分，因此变质岩的成分是比较复杂的。变质岩可根据原岩的类型划分为两大类：由岩浆岩变质形成的岩石称为正变质岩；由沉积岩变质形成的岩石称为副变质岩。许多宝石矿床的形成与变质作用有关，如产红宝石、尖晶石的大理岩和产祖母绿的片岩，都是典型的由区域变质作用形成的区域变质岩。软玉、翡翠、蛇纹石等玉石都属于典型的热液变质作用岩类。

3. 沉积岩

沉积岩是在地表或接近地表条件下，由风化作用、生物作用或某些火山作用产生的物质，经搬运、沉积和成岩等一系列地质作用而形成的岩石。沉积岩体积仅占岩石圈的5%，但分布面积却占陆地的75%，大洋底部几乎全部为沉积岩或沉积物所覆盖。

组成沉积岩的沉积物，有母岩的风化产物、生物物质、火山物质和宇宙物质。按物质来源的差异，沉积岩分为：陆源沉积岩（包括陆源碎屑岩和黏土岩等）、火山源沉积岩和内源沉积岩。由沉积作用形成的宝石有欧泊、绿松石、孔雀石、绿玉髓、煤精、琥珀等。

一些常见宝石的主要产出类型见表2-3。

表2-3 常见宝石的主要产出类型

岩石类型	宝石名称
岩浆岩	绿柱石(祖母绿、海蓝宝石等)、金绿宝石(猫眼、变石)、钻石、石榴石、长石、橄榄石、水晶、托帕石、锆石、碧玺等
变质岩	红宝石、尖晶石、堇青石、翡翠、软玉、蛇纹石等
沉积岩	欧泊、绿松石、孔雀石、绿玉髓、煤精、琥珀等

习 题

一、名词解释

1. 岩浆岩

2. 变质岩

3. 沉积岩

二、选择题

1. 外力地质作用不包括(　　)。

   A. 风化作用　　　　　　　B. 剥蚀作用

   C. 变质作用　　　　　　　D. 沉积作用

2. 超基性岩中SiO_2的含量(　　)。

   A. <45%　　　　　　　　B. 45%～52%

   C. 52%～63%　　　　　　D. >63%

3. 七种主要造岩矿物不包括(　　)。

   A. 石英　　　　　　　　　B. 钻石

   C. 黑云母　　　　　　　　D. 橄榄石

4. 花岗岩属于(　　)。

   A. 酸性浅成岩　　　　　　B. 中性浅成岩

   C. 基性深成岩　　　　　　D. 酸性深成岩

5. 蛇纹石属于(　　)。

   A. 岩浆岩　　　　　　　　B. 沉积岩

C. 变质岩   D. 花岗岩

三、问答题

1. 作为宝石必须具备哪三大主要特征？怎么理解这三大特征？
2. 简述地质作用的分类与联系。
3. 简述三大岩石的特征与产出的典型宝石。

模块三　学习宝石的化学成分

任务及要求

❖ 了解宝石的化学成分及分类

❖ 掌握硅酸盐类矿物的结构特征

❖ 了解宝石中水的类型

❖ 熟悉类质同象与同质多象的概念与区别

❖ 掌握类质同象的类型

❖ 重点掌握类质同象对宝石物理性质的影响

任务一 了解宝石化学成分的类型

矿物按化学成分可分为两种类型：一类是由同种元素的原子相结合而成的单质，即自然元素类，如钻石（C）；另一类是由不同元素组成的化合物。化合物又可分为：简单化合物，如红宝石（Al_2O_3）、水晶（SiO_2）、黄铁矿（FeS_2）等；复杂化合物，如绿松石[$CuAl_6(PO_4)_4(OH)_8·5H_2O$]等。从晶体化学的角度，宝石可划分为含氧盐类、氧化物类和自然元素类等。

一、含氧盐(oxysalt)类

大部分宝石属于含氧盐类，其中又以硅酸盐类矿物居多。据统计，宝石中硅酸盐类矿物约占一半，还有少量的磷酸盐、硼酸盐、碳酸盐类矿物。

1. 硅酸盐(silicate)类

在硅酸盐类矿物的晶体结构中，硅氧四面体$(SiO_4)^{4-}$是它们的基本结构单元（图3-1）。硅氧四面体在结构中可以孤立地存在，也可以角顶相互连接而形成多种复杂的络阴离子（基型）。根据硅氧四面体在晶体结构中的连接方式，硅酸盐类矿物可分成以下五种结构。

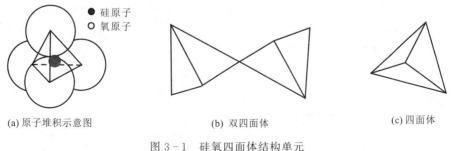

(a) 原子堆积示意图　　(b) 双四面体　　(c) 四面体

图3-1　硅氧四面体结构单元

(1) 岛状结构：如图3-1所示，它表现为单个硅氧四面体$[SiO_4]^{4-}$或每两个四面体以一个公共角顶相连组成双四面体$(Si_2O_7)^{6-}$，在结构中独立存在。它们彼此之间靠其他金属阳离子（如Zr^{4+}、Fe^{2+}、Mg^{2+}、Ca^{2+}等）来连接，自身并不直接相连，因而呈独立的岛状。属于此类结构的宝石有锆石（$ZrSiO_4$）、橄榄石[$(Mg,Fe)_2SiO_4$]、石榴石[$A_3B_2(SiO_4)_3$]（其中A为Fe^{2+}、Mg^{2+}、Ca^{2+}、Mn^{2+}等二价阳离子，B为Al^{3+}、Fe^{3+}、Cr^{3+}等三价阳离子）、榍石[$CaTi(SiO_4)O$]等。

(2)环状结构:如图3-2所示,环状结构中包含由3个、4个或6个硅氧四面体所组成的封闭环(分别被称为三方环、四方环和六方环)。环内每一个四面体中均有两个角顶分别与相邻的两个四面体连接,而环与环之间则靠其他金属阳离子连接。属于此类结构的宝石有蓝锥矿($BaTiSi_3O_9$)(三方环)、绿柱石($Be_3Al_2Si_6O_{18}$)(六方环)、堇青石$[(Mg,Fe)_2Al_4Si_5O_{18}]$(六方环)等。

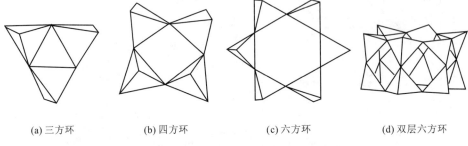

(a) 三方环　　　(b) 四方环　　　(c) 六方环　　　(d) 双层六方环

图3-2　环状结构硅酸盐矿物结构中的几种骨干环

(3)链状结构:如图3-3所示,链状结构指每一个硅氧四面体的两个角顶分别与相邻的两个硅氧四面体连接,连成一条或两条无限延伸的链,链与链之间通过其他金属阳离子来连接。属于此类的宝石有翡翠、软玉、透辉石和蔷薇辉石等。

(4)层状结构:如图3-4所示,硅氧四面体之间通过共用大部分角顶(通常是3/4的角顶)的方式相互连接而组成无限延展的层。一些印章石(如青田石、寿山石)以及蛇纹石属于此类。

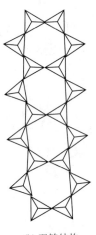

(a) 单链结构　　(b) 双链结构

图3-3　链状结构硅酸盐矿物结构中的两种骨干

(5)架状结构:如图3-5所示,每个硅氧四面体均以其全部的4个角顶与相邻的硅氧四面体连接,组成在三维空间中无限延伸的骨架。在架状硅酸盐中部分硅被铝代替。例如方钠石的硅氧骨架可看成一系列四方环或六方环在三维空间内连接而成。属于此类的宝石有月光石、日光石、拉长石、天河石和方柱石等。

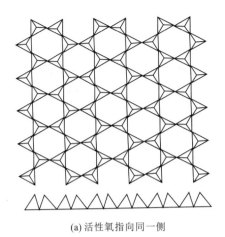 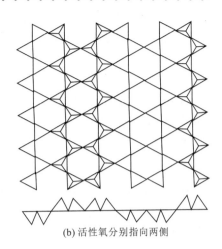

(a) 活性氧指向同一侧　　　　　　　(b) 活性氧分别指向两侧

图3-4　层状结构硅酸盐矿物结构中的两种骨干

2. 磷酸盐(phosphate)类

该类矿物含有磷酸根$(PO_4)^{3-}$。由于磷酸根半径较大，因而半径较大的阳离子(如Ca^{2+}、Pb^{2+}等)与之结合才能形成稳定的磷酸盐。此类矿物成分复杂，往往有附加阴离子。属于此类的典型宝石有磷灰石$[Ca_5(PO_4)_3(F,Cl,OH)]$和绿松石等。

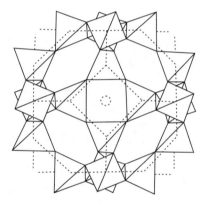

图3-5　架状结构硅酸盐的硅氧骨干

3. 碳酸盐(carbonate)类

该类矿物晶体结构的特点是具有碳酸根$(CO_3)^{2-}$。$(CO_3)^{2-}$呈等边三角形，C位于三角形的中央，3个O围绕C分布在三角形的3个角顶上，C—O之间为共价键，二价阳离子Mg^{2+}、Fe^{2+}、Zn^{2+}、Mn^{2+}、Ca^{2+}等与$(CO_3)^{2-}$组成碳酸盐矿物。典型宝石有菱锰矿、方解石、白云石等。

4. 硼酸盐(borate)类

该类矿物晶体结构中的$(BO_3)^{3-}$和$(BO_4)^{5-}$两种阴离子是硼酸盐的基本构成单元，它们在晶体结构中与硅酸盐极为相似，可以独立出现形成岛状结构，也可以通过共角顶连接形成具有环状、链状、层状、架状结构的硼酸盐。典型宝石有硼铝镁石。

二、氧化物(oxide)类

氧化物是一系列金属或非金属阳离子与氧离子(O^{2-})结合(以离子键为主)而成的化合物,其中包括含水氧化物。这些金属和非金属元素主要有Si、Al、Fe、Mn、Ti、Cr等。阴离子O^{2-}一般为立方或六方最密堆积,而阳离子则充填于四面体或八面体空隙中。属于简单氧化物的宝石有刚玉(Al_2O_3,红宝石、蓝宝石),石英(SiO_2,包括紫晶、黄晶、水晶、烟晶、芙蓉石),欧泊($SiO_2 \cdot nH_2O$)及金红石(TiO_2)等。复杂的氧化物宝石有尖晶石[$(Mg,Fe)Al_2O_4$]和金绿宝石[$BeAl_2O_4$]等。

三、自然元素(elementary substance)类

有些金属和半金属元素可以单质形式独立出现。属于此类的宝石有钻石(C)。自然金(Au)、自然银(Ag)等也属于此类。

四、宝石中的水(water in gems)

许多宝石含有水,根据宝石中水的存在形式及它们在晶体结构中的作用,可以把水分成以下几大类。

1. 吸附水(absorption water)

吸附水是不参与组成晶格,只存在于宝石的表面、裂隙中或渗入集合体颗粒间机械吸附的中性水分子(H_2O)。吸附水与宝石晶体结构无关,常不写入化学式。它们在宝石中的含量不固定,随温度和湿度的变化而不同。吸附水可以呈气态、液态或固态。常压下温度达到100~110℃时,吸附水就基本上从宝石中逸出,而不破坏晶格。

另外,有些隐晶质或非晶质(相当于水胶凝体)物质中含有一种特殊类型的吸附水,称为胶体水。它被微弱的联结力固着在微粒的表面,通常计入化学组成,但其含量变化很大。例如欧泊,分子式为$SiO_2 \cdot nH_2O$(n为H_2O的数量,不固定)。

2. 结晶水(crystal water)

结晶水以中性水分子的形式存在于宝石中,但它们并不是液态水,它们在晶格中占有固定的位置,是宝石化学组成的一部分。水分子的数量与宝石其他成分之间有固定的比例。结晶水从宝石中逸出的温度一般不超过600℃,通常为100~200℃。一旦失去结晶水,晶体的结构将被破坏并形成新的结构。比如绿松石就是一种含结晶水的磷酸盐,其中H_2O含量可达19.47%。

3. 结构水（constitutional water）

结构水（也称化合水）是以 OH^-、H^+、H_3O^+ 等离子形式参加宝石晶格的水，其中以 OH^- 形式最为常见。结构水在晶格中占有固定的位置，在组成上具有确定的比例。由于与其他质点有较强的键力联系，结构水需要在较高的温度（通常在 600～1000℃ 之间）下才能逸出。当结构水逸出后，晶体结构完全被破坏。

许多宝石都含有结构水，如十字石 $[Fe_2Al_9(SiO_4)_4O_7(OH)_2]$、托帕石 $[Al_2SiO_4(OH,F)_2]$ 和磷灰石等。

任务二 区分类质同象与同质多象

化学成分和晶体结构是决定宝石品种的两个最本质的因素。化学成分相同，晶体结构不同的晶体，就是完全不同的物质。同样，只考虑晶体结构而不考虑化学成分也无法确定一个宝石种。例如，当碳原子以立方对称排列时，可结晶成钻石；而当碳原子以六方对称排列时，则结晶形成石墨。同样，具有立方面心格子构造的固体，化学成分为 $NaCl$ 时，是石盐；而化学成分为 CaF_2 时，是萤石。因此，化学成分是宝石存在的物质基础，晶体结构是它的表现形式，二者是相互依存的。很显然，矿物的化学成分和晶体结构是决定宝石一切性质的最基本因素。

作为宝石，其化学成分可分为主要化学成分、次要（微量）化学成分。主要化学成分是指能保持其结构的化学成分，缺失某个主要化学成分，其结构便不能存在或保持不变。但在保持其结构和物理、化学性质基本不变的条件下，主要化学成分是可以有一定变化的，或者说它可以有一个变化范围。如刚玉是具三方对称的 Al_2O_3 晶体，不含任何次要或微量成分时，为无色，Al^{3+} 和 O^{2-} 均为它的主要化学成分。其中 Al^{3+} 可以被少量的 Cr^{3+} 所替代而呈红色，这时 Cr^{3+} 就可称为刚玉的次要化学成分。当然，Cr^{3+} 的替代量是有限的，它不能全部替代 Al^{3+}，否则就不能保持其三方对称的结构，刚玉也就不能存在了。引起化学成分变化的原因很多，主要是类质同象（isomorphism）替代和一些微细组分的机械混入（可以包裹体形式存在）。对宝石而言，这些组分是极其重要的，它们可使宝石呈现各种迷人的颜色（如祖母绿因含有微量 Cr 而呈现美丽的翠绿色），也可使部分宝石具有特殊光学效应（如星光效应和猫眼效应等）。

一、类质同象的概念

在晶体结构中,质点 A(原子、离子或分子)所占据的位置,部分被性质相近的其他质点 B 所占据,但其晶体结构、化学键类型及离子正负电荷的平衡保持不变或基本不变,仅晶胞参数和物理性质(折射率、密度等)发生不大的变化的现象称为类质同象。类质同象形成的晶体称为类质同象混晶。

1. 根据质点替代的数量限度的不同,可将类质同象分为两种类型

1)完全类质同象

在完全类质同象中,质点之间的替代是无限的。完全类质同象替代可形成一个成分连续变化的系列。例如,镁铝榴石$[Mg_3Al_2(SiO_4)_3]$和铁铝榴石$[Fe_3Al_2(SiO_4)_3]$,由于 Mg 和 Fe 可以任意比例互相替代,从而构成一个成分连续变化的类质同象系列:$Mg_3Al_2(SiO_4)_3$—$(Mg、Fe)_3Al_2(SiO_4)_3$—$(Fe、Mg)_3Al_2(SiO_4)_3$—$Fe_3Al_2(SiO_4)_3$,即镁铝榴石、铁镁铝榴石、镁铁铝榴石和铁铝榴石。

又如橄榄石$[(Mg,Fe)_2SiO_4]$,当 Mg、Fe 都存在时,为橄榄石;当 Mg 全部被 Fe 替代时,为铁橄榄石(Fe_2SiO_4);Fe 全部被 Mg 替代时,为镁橄榄石(Mg_2SiO_4)。

2)不完全类质同象

在不完全类质同象中,质点的替代只局限于某一个有限的范围内。例如闪锌矿(ZnS)中的 Zn 可部分(最多 26%)被 Fe 所替代,在这种情况下,FeS 被称为类质同象混入物。

2. 根据相互替代的质点电价的异同,可将类质同象分为两种类型

(1)相互替代的质点电价相同时(如 $Na^+ \rightarrow K^+$,$Fe^{2+} \rightarrow Mg^{2+}$)称为等价类质同象。

(2)相互替代的质点电价不同时(如 $Al^{3+} \rightarrow Si^{4+}$)则称为异价类质同象,当然必须有电价的补偿以维持电价平衡。例如在钠长石($NaAlSi_3O_8$)—钙长石($CaAl_2Si_2O_8$)系列中,会发生如下的类质同象替代:$Al^{3+} + Ca^{2+} \leftrightarrow Si^{4+} + Na^+$。

二、类质同象的条件

类质同象是类似质点相互替代,差别较大的质点之间的相互替代将会引起晶格的破坏,从而形成不同的晶体。能否发生类质同象,一方面取决于质点本身的性质,如原子或离子半径、离子电价、类型、化学键性等;另一方面也取决于外部条件,如温度、压力等。

1. 质点大小相近

质点半径相差越小，相互替代的能力越强，替换量也越大；反之则越弱、越小。

2. 相同的化学键性

一般质点类型相近，形成键性相一致，才能发生类质同象。因为离子类型不同，极化力强弱各异。惰性气体型离子易形成离子键，而铜型离子则趋向于以共价键结合。例如，在硅酸盐中，Al—O 之间和 Si—O 之间都主要是共价键，因而经常出现 Al^{3+} 替代 Si^{4+}。又如 Ca^{2+}（惰性气体型离子）和 Hg^{2+}（铜型离子）虽然电价相同、半径相近，但因离子类型不同，所形成的键性各异，所以它们之间不易发生类质同象替代。在硅酸盐中很难发现 Ca、Hg 之间的类质同象替代。

3. 电价平衡

在离子化合物中，类质同象替代前后离子总电价应保持平衡，因为电价不平衡将引起晶体结构的破坏。

对于异价类质同象，电价的平衡可以通过下列方式完成。

(1) 电价较高的阳离子被数量较多的低价阳离子替代，如云母中 $3Mg^{2+} \rightarrow 2Al^{3+}$。

(2) 成对替代，即高价阳离子替代低价阳离子的同时另有其他低价阳离子替代高价阳离子，使总电价达到平衡，如斜长石中 $Na^+ + Si^{4+} \rightarrow Ca^{2+} + Al^{3+}$，蓝宝石中 $Fe^{2+} + Ti^{4+} \rightarrow 2Al^{3+}$ 等。

(3) 高价阳离子替代低价阳离子伴随高价阴离子替代低价阴离子，如磷灰石中 $Ce^{3+} \rightarrow Ca^{2+}$ 伴随 $O^{2-} \rightarrow F^-$。

(4) 低价阳离子替代高价阳离子，所亏损的电价由附加阳离子平衡，如绿柱石中 $Li^+ \rightarrow Be^{2+}$、$Fe^{2+} \rightarrow Al^{3+}$ 所亏损的正电荷分别由半径较大的 Cs^+ 和 Na^+ 进入绿柱石结构通道中平衡。

4. 热力学条件

介质的热力学条件，包括温度、压力和组分浓度等对类质同象的发生也起着重要的作用。

一般来说，温度升高时类质同象替代的程度增加，温度下降时则类质同象替代的程度降低。如在高温下碱性长石中 K^+ 和 Na^+ 可以呈完全类质同象替代而形成钾长石和钠长石固溶体；但在低温下则发生固溶体分离，而形成由钾长石和钠长石两种矿物组成的条纹长石。

压力的增加往往会限制类质同象替代的范围，并促使固溶体分离。组分的浓度对类质同象也会有影响,如在磷灰石的形成过程中,若 P_2O_5 的浓度很大,而 Ca 含量不足,则 Sr 和 Ce 等元素可以进入晶格占据 Ca 的位置,从而使磷灰石中聚集大量的稀有元素或分散元素。

三、类质同象对宝石物理性质的影响

1. 对宝石颜色的影响

类质同象对于宝石具有非常重要的意义,因为大部分宝石是由于有少量类质同象混入物而呈现各种美丽诱人的颜色。

1)刚玉

纯净的刚玉是无色的,其化学成分为 Al_2O_3,当其中 Al^{3+} 被微量 Cr^{3+} 替代时呈现红色调,称为红宝石;当 Al^{3+} 被微量 Ti^{4+} 和 Fe^{2+} 替代时呈现蓝色,称为蓝宝石。Fe^{2+} 和 Ti^{4+} 含量越高则蓝宝石的蓝色越深,反之越浅。我国山东蓝宝石的深蓝色就是含有过多的 Fe^{2+}、Ti^{4+} 所致。

2)碧玺

碧玺的化学成分很复杂,为 $(Na,K,Ca)(Al,Fe,Li,Mg,Mn)_3(Al,Cr,Fe,V)_6(BO_3)_3(Si_6O_{18})(OH,F)_4$,结构中类质同象替代非常广泛,也导致碧玺具有各种各样的颜色,被誉为"落入人间的彩虹"。在碧玺的化学组成中,Mg^{2+}—Fe^{2+} 和 Fe^{2+}—Li^+、Al^{3+} 呈完全类质同象,其中 $3Fe^{2+} \rightarrow 2Al^{3+}+Li^+$ 替代引起的负电荷不足,由附加阴离子中 OH^- 被 O^{2-} 替代补偿;Mg^{2+} 和 Li^+ 之间的替代,以及 Mg^{2+}、Fe^{2+} 和 Cr^{3+}、Mn^{2+} 之间的替代都是不完全的。当化学组成中以 Fe^{2+} 为主时,碧玺呈深蓝色甚至黑色;富含 Mg^{2+} 时,呈黄色—褐色;富含 Li^+ 和 Mn^{2+} 时,则呈玫瑰红色或浅蓝色;富含 Cr^{3+} 时,则呈深绿色。

3)翡翠

翡翠主要由硬玉矿物组成,硬玉的化学式为 $NaAlSi_2O_6$。纯净的硬玉岩是白色的,当硬玉化学成分中的 Al^{3+} 被 Cr^{3+}、V^{3+} 替代时,呈鲜艳的绿色。Cr^{3+} 的质量分数在 1%~2% 之间时,翡翠的颜色最美丽,为浓艳的绿色,且为半透明;而当 Cr^{3+} 含量大于 50% 时,物相发生变化,硬玉转化为钠铬辉石,翡翠则呈不透明的墨绿色,即俗称的干青种翡翠。当硬玉化学成分中的 Al^{3+} 同时被 Fe^{2+} 和 Fe^{3+} 替代时,则呈紫色,当然也有人认为翡翠的紫色是由于含有 Mn^{2+} 或 K^+。

$$\text{Fe 在宝石中的作用} \begin{cases} \text{强烈地吸收光线} \\ \text{强烈地抑制荧光} \\ \text{使宝石的折射率值增大} \end{cases}$$

2. 对宝石折射率、相对密度和硬度的影响

类质同象不但使宝石的化学成分发生改变,而且也在一定程度上影响它的折射率和相对密度等物理性质。

1) 碧玺

碧玺的颜色基本上受类质同象种类和程度的影响,实际上其相对密度和折射率也与类质同象有着密切的联系。镁电气石[$NaMg_3Al_6(BO_3)_3(Si_6O_{18})(OH)_4$]中的$Mg^{2+}$和锂电气石[$Na(Li,Al)_3Al_6(BO_3)_3(Si_6O_{18})(OH,F)_4$]中的$Li^+$、$Al^{3+}$都有可能被$Mn^{2+}$、$Fe^{2+}$替代。研究表明,随着碧玺成分中$Mn^{2+}$、$Fe^{2+}$的增加,电气石的相对密度[3.06(+0.20,−0.60)]、折射率[1.624~1.644(+0.011,−0.009)]和双折射率(0.018~0.040)也增大。

2) 绿柱石

在绿柱石中,当Be^{2+}被Li^+替代时,Cs^+含量越高,则绿柱石的相对密度[2.72(+0.18,−0.05)]、折射率[1.577~1.583(±0.017)]和双折射率(0.005~0.009)也越高。

3) 橄榄石

在橄榄石中,Fe^{2+}和Mg^{2+}可以发生完全类质同象,随着Fe^{2+}含量的增加,不仅橄榄石的颜色加深,而且相对密度[3.34(+0.14,−0.07)]和折射率[1.654~1.690(±0.020)]也逐渐增大,摩氏硬度(6.5~7)也略有增加。

四、同质多象

在不同的物理、化学条件下,同种化学成分结晶成具有不同晶体结构的晶体的现象称为同质多象(polymorphism)。如钻石和石墨化学成分为C,但它们是两个完全不同的材料,一个可以作为宝石,而另一个则是重要的工业用润滑剂。

如图3-6所示,Al_2SiO_5在不同的温度压力下形成同质多象变体:蓝晶石(三斜晶系)、红柱石(斜方晶系)、矽线石(斜方晶系)。

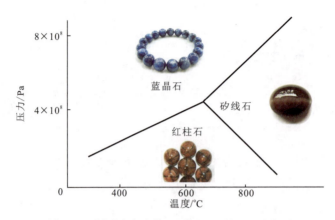

图 3-6 同质多象变体:蓝晶石、红柱石、矽线石

习 题

一、名词解释

1. 类质同象

2. 吸附水

3. 结晶水

4. 结构水

二、判断题

1. 化学成分相同的晶体,晶体结构也相同。 ( )

2. 属于简单氧化物的宝石有红宝石、芙蓉石、金绿宝石。 ( )

3. 金绿宝石是铍铝硅酸盐矿物。 ( )

4. 镁铝榴石和锰铝榴石可以形成完全类质同象。 ( )

5. 钻石与石墨属于同质多象。 ( )

6. 欧泊中的水以结晶水的形式存在。 ( )

7. 矿物中的结晶水是其化学组成的一部分。 ( )

8. 类质同象中相互替代的质点半径相差越小,相互替代的能力越强,替换量也越大;反之则越弱、越小。 ( )

9. 当碧玺的化学成分以 Fe^{2+} 为主时,呈深蓝色甚至黑色;碧玺富含 Cr^{3+} 时,则呈深红色。 ( )

三、选择题

1. 自然界中分布最多的矿物是( )。

A. Al_2O_3 B. Fe

C. $CaCO_3$ D. SiO_2

2.硅酸盐类矿物中的石榴石具有（　　）。
A.岛状结构　　　　　　　　B.链状结构
C.层状结构　　　　　　　　D.架状结构

3.红宝石的化学式是（　　）。
A. $BeAl_2O_4$ 　　　　　　B. Al_2O_3
C. $CaCO_3$ 　　　　　　　D. SiO_2

4.尖晶石的化学式是（　　）。
A. $BeAl_2O_4$ 　　　　　　B. Al_2O_3
C. $(Mg,Fe)Al_2O_4$ 　　　D. SiO_2

5.Fe在宝石成分中起到哪些作用？（　　）
A.强烈地吸收光线　　　　　B.强烈地抑制荧光
C.使宝石的折射率值增大　　D.以上都对

6.翡翠中 Cr^{3+} 的质量分数为（　　）时，颜色最漂亮。
A.1%～2%　　　　　　　　B.0.5%～1%
C.3%～5%　　　　　　　　D.＞50%

四、问答题

1.什么是类质同象？类质同象可以划分为哪些类型？
2.简述类质同象对宝石物理性质的影响。

模块四　学习宝石的结晶学特征

任务及要求

✤ 区别晶体与非晶体

✤ 掌握晶体的基本性质

✤ 熟练掌握晶体的对称要素

✤ 熟悉晶体的对称分类与分类依据

✤ 重点掌握晶体常数特点与各晶系的典型宝石

✤ 区分单形与聚形

✤ 了解四种典型的双晶类型

✤ 熟悉宝石的结晶习性

任务一　掌握晶体的概念与基本性质

大多数宝石都是天然形成的,它们具有一定的化学成分和内部结构。除极少数外,它们的原子或离子相互间按一定的规律排列,自发地形成几何多面体的外形,具有这种特征的矿物称为晶体(晶质),如水晶、钻石等。一些宝石不具有这种有序的内部结构,因此也不具有规则的几何外形,称为非晶体(非晶质),如玻璃、欧泊等。

一、晶体与非晶体

1. 晶体(crystal)

晶体是指内部质点(原子、离子或分子)在三维空间内作规则、有序的周期性重复排列的固体物质。晶体质点在三维空间内周期性重复排列就形成了格子构造,所以晶体是具有格子构造的固体。

2. 非晶体(non-crystal)

与晶体相反,不具有格子构造的固体物质称为非晶体。

由图4-1可见,晶体中的质点是规律排列的,即晶体具有格子构造;而非晶体的内部结构是不规律的,不具有格子构造。但是,非晶体的内部质点在很小的范围内也是具有某些有序性的(如一个小黑球周围分布有3个小灰球),这种有序性与晶体结构中的一样。我们将这种局部的有序称为有近程规律,而将整个结构范围的有序称为有远程规律。晶体既有近程规律又有远程规律,而非晶体则只有近程规律。

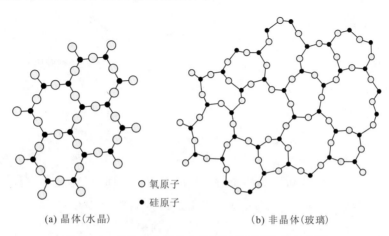

(a) 晶体(水晶)　　　　(b) 非晶体(玻璃)

○ 氧原子
● 硅原子

图4-1　晶体与非晶体内部质点的平面结构示意图

晶体与非晶体在一定条件下是可以相互转化的。例如,岩浆迅速冷却而形成的火山玻璃,在漫长的地质过程中,其内部质点进行着很缓慢的扩散、调整,趋向于规则排列,即由非晶体转化为晶体,这一过程称为晶化或脱玻化。

二、晶体的基本性质

同一种晶体的格子构造是相同的,不同晶体的格子构造是不同的。同种质点排列不同也会形成完全不同的两种晶体,呈现完全不同的性质,例如钻石(图4-2)与石墨(图4-3)。

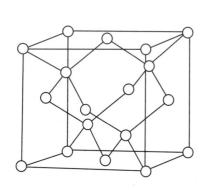
图4-2 钻石的结构

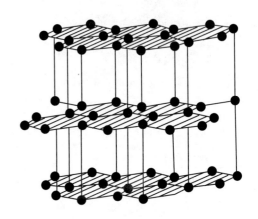
图4-3 石墨的结构

晶体所共有的、由格子构造所决定的基本性质如下。

(1)自限性:指晶体在适当的条件下可自发地形成几何多面体的性质。晶体的几何多面体形态是格子构造在外形上的直接反映。理论上,在理想条件下所有的晶体都可以形成规则和对称的几何外形,具有完整的晶面。但在自然界中由于生长环境的限制,如自身物质浓度的影响,各种矿物共生、互相挤压等因素,多数晶体趋于非理想形态;另外后期的地质作用,破坏了它的外形,降低了它的完美性。

(2)均一性:因为晶体是具有格子构造的固体,在同一晶体的不同部分,质点的分布是一样的,所以晶体各个部分的物理化学性质也是相同的。

(3)异向性(各向异性):在同一格子构造中,不同方向上质点的排列一般是不一样的,因此,晶体的性质也随着方向的不同而有所差异。如蓝晶石的硬度差异较大(图4-4),平行于晶体延长方向用小刀刻画,可留下划痕,而垂直于晶体延长方向用小刀刻画,则没有划痕。

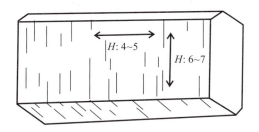

图 4-4 蓝晶石的差异硬度

在力学、光学、热学等物理性质中,晶体都有明显的异向性,如宝石的解理、双折射率、多色性等。

晶体的均一性与异向性矛盾吗?

其实是不矛盾的,均一性是指晶体的不同部分的性质都是相同的,而异向性是指在晶体不同方向上的性质是不同的。

(4)对称性:在晶体外形上,一样的晶面、晶棱和角顶常重复出现,这种相同的性质在不同方向或位置上有规律地重复,就是对称性。对称性是晶体极其重要的性质,是晶体分类的基础。

(5)最小内能性:在相同的热力学条件下,晶体与化学成分相同的非晶体相比,内能最小。所谓内能,包括质点的动能与势能(位能)。动能与物体所处的热力学条件有关,因此在相同热力学条件下,可用来比较内能大小的只有势能,势能取决于质点间的距离与排列方式。

晶体的内部质点有规律地排列,这种规律的排列是质点间引力与斥力达到平衡的结果。在这种情况下,无论质点间的距离是增大还是缩小,都将导致质点间相对势能的增加。实验表明,当物体由非晶态转化成结晶态时,都有热能的析出;相反,晶格的破坏也必然伴随着吸热效应。

(6)稳定性:在相同热力学条件下,晶体比具有相同化学成分的非晶体稳定。非晶体有自发转变为晶体的必然趋势,而晶体绝不会自发地转变为非晶体。这就是晶体的稳定性。晶体的稳定性是最小内能性的必然结果。

晶体与非晶体的区别见表 4-1。

表 4-1　晶体与非晶体的区别

类型	晶体	非晶体
宝石品种	钻石、红宝石、蓝宝石、碧玺等	玻璃、欧泊等
性质	一些物理性质具有异向性,如多色性、解理、差异硬度;外形等具有对称性;有固定熔点,如刚玉在2045℃时熔化;具最小内能、稳定性,即非晶体有向晶体转化的趋势	无规则的几何外形,物理性质无异向性,无固定熔点

任务二　学习晶体的对称

所有的晶体都是对称的,晶体的对称(symmetry)取决于其内部质点的规律性排列,这是由格子构造决定的。所以晶体的对称不仅体现在外形上,同时也体现在物理性质(如光学、力学性质等)上,也就是说晶体的对称不仅包含几何意义,也包含物理意义。基于以上特点,晶体的对称可以作为晶体分类的最好依据。在结晶学基础中,晶体的对称性成为研究的重点。

一、晶体的对称要素

研究对称时,要使对称图形中相同的部分重复出现,必须借助一定的操作,这些操作就称为对称操作(symmetry operation)。在进行对称操作时,为使晶体能作规律重复而凭借的一些假想的几何要素(点、线、面)称为对称要素(symmetry element)。

1. 对称面(symmetry plane)

对称面是一个假想的平面,它可将一个晶体划分为互为镜像反映的两个相等部分,用 P 表示。

图 4-5(a)中 P_1 和 P_2 都是对称面,但是图 4-5(b)中 AD 却不是图形 $ABDE$ 的对称面,因为它虽然把图形 $ABDE$ 平分为 △AED 和 △ABD 两个相等的部分,但是这两者并不互为镜像反映,△AED 和 △AE_1D 才互为镜像反映。

晶体中对称面的个数为 0~9 个,如立方体具有 9 个对称面(图 4-6)。

2. 对称轴(symmetry axis)

对称轴是一根假想的通过晶体中心的直线。相应的对称操作是:当晶

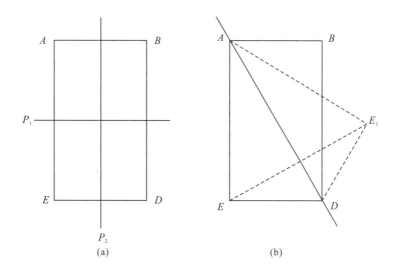

图 4-5 对称面(a)与非对称面(b)

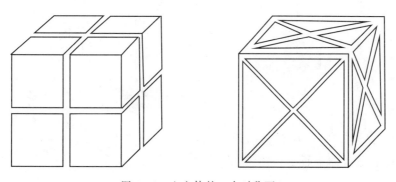

图 4-6 立方体的9个对称面

体围绕它旋转一定角度后,可使相同的部分重复。旋转 360°,相同的部分重复的次数称为轴次 n。对称轴用 L 表示,轴次写在右上角,记作 L^n。

晶体外形上可能出现的对称轴(图 4-7)有二次对称轴(L^2)、三次对称轴(L^3)、四次对称轴(L^4)和六次对称轴(L^6)。轴次高于二次的对称轴,即 L^3、L^4、L^6 称为高次轴。由图 4-8 可见立方体中各种对称轴出现的位置。

晶体的对称定律:晶体中的对称轴只能是 L^2、L^3、L^4、L^6,不可能存在五次轴及高于六次的对称轴。

3. 对称中心(center of symmetry)

对称中心是一个假想的位于晶体中心的点,用 C 表示。相应的对称操作就是相对此点的反伸。如果晶体有对称中心,那么通过此点作任意直线,则在此直线上距对称中心等距离的两端必定可以找到对应点。如图 4-9 所

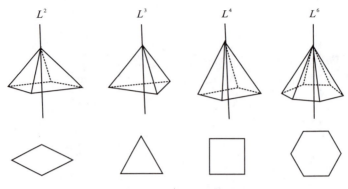

图 4-7 晶体中的对称轴

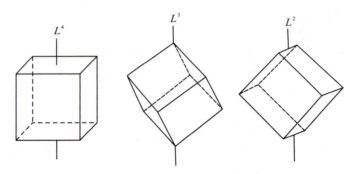

图 4-8 立方体内的对称轴

示,通过晶体中心 C 任意画两条直线,在直线上距对称中心 C 等距离的两端可以找到点 1 的对应点 $1'$,点 2 的对应点 $2'$。

在晶体中,对称中心 C 最多只可能有一个。凡是有对称中心的晶体,晶面总是成对出现且两两反向平行,同形等大(图 4-9)。有的晶体则没有对称中心(图 4-10),如立方体有对称中心,而四面体和三方柱都没有对称中心。

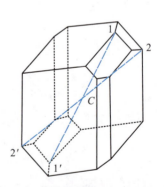

图 4-9 具有晶体中心的图形

二、对称型及记录方式

一个晶体中所有对称要素的组合称为该晶体的对称型(class of symmetry)。

记录方式:对称轴(由高次轴到低次轴)+对称面+对称中心,如

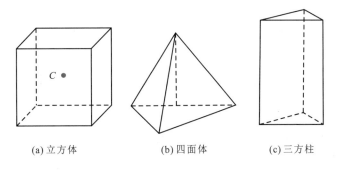

(a) 立方体　　　　(b) 四面体　　　　(c) 三方柱

图 4-10　晶体的对称中心

$L^3 3L^2 3PC$、$L^4 4L^2 5PC$。

根据晶体形态中可能存在的对称要素及其组合规律,推导出晶体中可能存在的对称型共有 32 种。

三、晶系的分类

根据晶体对称性的特点,可以把晶体划分成七大晶系。再根据晶体是否有高次轴、有几个高次轴,把七大晶系分为高级、中级、低级 3 个晶族。它们是研究晶体的基础,并对晶体的光学性质和力学性质都有直接的影响。

高级晶族只包括等轴晶系,它有多个高次轴;中级晶族只有一个高次轴,包括三方晶系、四方晶系和六方晶系;低级晶族没有高次轴,包括斜方晶系、单斜晶系和三斜晶系(表 4-2)。

表 4-2　晶体的对称分类

晶族	晶系	对称特点(划分依据)	最高对称型
高级晶族(有多个高次轴)	等轴晶系(立方晶系)	有 4 个三次对称轴($4L^3$)	$3L^4 4L^3 6L^2 9PC$
中级晶族(有 1 个高次轴)	三方晶系	只有 1 个 L^3	$L^3 3L^2 3PC$
	四方晶系	只有 1 个 L^4	$L^4 4L^2 5PC$
	六方晶系	只有 1 个 L^6	$L^6 6L^2 7PC$
低级晶族(没有高次轴)	斜方晶系	L^2 或 P 多于 1 个	$3L^2 3PC$
	单斜晶系	有 L^2 或 P,但 L^2 及 P 都不多于 1 个	$L^2 PC$
	三斜晶系	无 L^2 和 P	C

任务三 掌握晶体常数特点

由于晶体的各种特性(形态、物理性质等)都与晶体的方向有关,要描述晶体的形态就必须对晶体进行结晶学定向。晶体定向就是在晶体中以晶体中心为原点建立一个坐标系,这个坐标系一般由3个晶轴(X、Y、Z轴)组成,X轴在前后方向,正端朝前;Y轴在左右方向,正端朝右;Z轴在上下方向,正端朝上(图4-11)。3个晶轴正端之间的夹角称为轴角(crystal axial angle),分别表示为$\alpha(Y \wedge Z)$,$\beta(Z \wedge X)$,$\gamma(X \wedge Y)$。对于三方晶系与六方晶系的晶体,通常用X、Y、Z、U四个轴来定向(图4-12)。

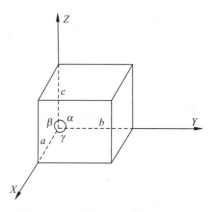

图4-11 晶体定向(晶轴与轴角)

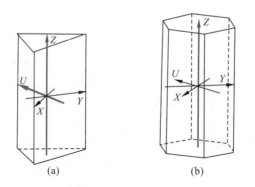

图4-12 三方晶系(a)和六方晶系(b)的晶体定向

晶轴的单位长度称为轴长(axial length),在X、Y、Z轴上分别用a、b、c表示,轴长之间的比率,即$a:b:c$,称为轴率(axial ratio)。轴率和轴角统称为晶体常数(crystal constant)。

晶轴方向的确定至关重要,须遵循以下3个选轴的原则:①尽量使晶轴沿着高次对称轴(与晶体的对称特点相符,一般晶轴都与对称要素有关);②尽量使高次对称轴直立;③尽量使晶轴夹角为90°。

一、等轴晶系(cubic system)

该晶体有 3 个等长且互相垂直的结晶轴(图 4-13)。

晶体常数特点：$a=b=c$，$\alpha=\beta=\gamma=90°$。

最高对称型：$3L^4 4L^3 6L^2 9PC$。

常见单形为立方体、八面体、菱形十二面体和四角三八面体等(图 4-14)。

属于等轴晶系的宝石(图 4-15)有钻石、石榴石、尖晶石、萤石、黄铁矿和方钠石等。

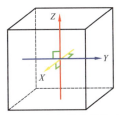

图 4-13 立方体的晶体定向

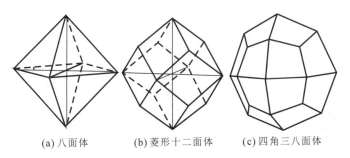

(a) 八面体　　(b) 菱形十二面体　　(c) 四角三八面体

图 4-14 等轴晶系的单形

(a) 石榴石(菱形十二面体)　　(b) 黄铁矿(立方体)

图 4-15 等轴晶系的宝石

二、四方晶系(tetragonal system)

晶体有 3 个互相垂直的结晶轴，其中 2 个水平轴等长，但与纵轴不等长(图 4-16)。

晶体常数特点：$a=b\neq c$，$\alpha=\beta=\gamma=90°$。

最高对称型：$L^4 4L^2 5PC$。

该晶系的常见单形为四方柱和四方双锥。

属于四方晶系的宝石有锆石、金红石、锡石、方柱石和符山石等(图4-17)。

三、三方晶系(trigonal system)

晶体有4个结晶轴,其中纵轴与其他3个水平轴垂直,不等长,3个水平轴等长且彼此间交角为120°(图4-12)。

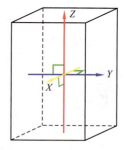

图4-16 四方柱中的晶体定向

晶体常数特点:$a=b\neq c$, $\alpha=\beta=90°$, $\gamma=120°$。

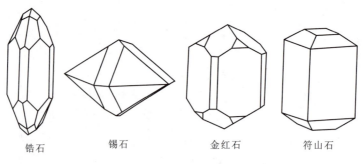

锆石　　　锡石　　　金红石　　符山石

图4-17 四方晶系的晶体

最高对称型:$L^3 3L^2 3PC$。

该晶系的常见单形为三方柱、三方双锥、菱面体等。

属于三方晶系的宝石有蓝宝石、红宝石、电气石(图4-18)、水晶和菱锰矿等。

四、六方晶系(hexagonal system)

晶体有4个结晶轴,其中纵轴与其他3个水平轴垂直,不等长,3个水平轴等长且彼此间交角为120°(图4-12)。

晶体常数特点:$a=b\neq c$, $\alpha=\beta=90°$, $\gamma=120°$。

最高对称型:$L^6 6L^2 7PC$。

该晶系的常见单形为六方柱和六方双锥等。

属于六方晶系的宝石有绿柱石(图4-19)、磷灰石和蓝锥矿等。

五、斜方晶系(orthorhombic system)

晶体有3个互相垂直但互不等长的结晶轴。

晶体常数特点:$a\neq b\neq c$, $\alpha=\beta=\gamma=90°$。

最高对称型:$3L^2 3PC$。

图 4-18 电气石（三方柱）

图 4-19 绿柱石（六方柱）

该晶系的常见单形为斜方柱和斜方双锥等。

属于该晶系的宝石有金绿宝石、橄榄石、托帕石、黝帘石、堇青石、红柱石、柱晶石、赛黄晶和顽火辉石等（图 4-20）。

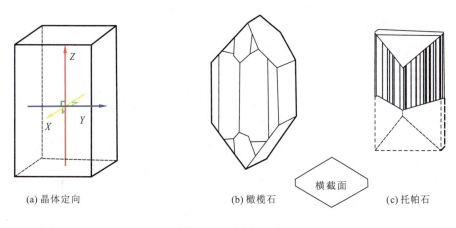

(a) 晶体定向　　　(b) 橄榄石　　　(c) 托帕石

图 4-20 斜方晶系

* 斜方晶系与四方晶系单形的区别在于斜方晶系垂直于 Z 轴的横截面是长方形或菱形，而四方晶系垂直于 Z 轴的横截面是正方形。

六、单斜晶系（monoclinic system）

晶体具有 3 个互不等长的结晶轴，Y 轴垂直于 X 轴和 Z 轴所在的平面，X 轴斜交于包含 Z 轴和 Y 轴的平面。

晶体常数特点：$a \neq b \neq c, \alpha = \gamma = 90°, \beta > 90°$。

最高对称型：$L^2 PC$。

该晶系常见的单形包括斜方柱和平行双面。

属于该晶系的宝石有翡翠、透辉石、软玉、正长石和单斜辉石等（图 4-21）。

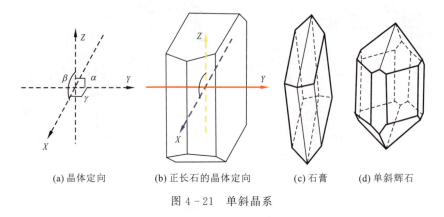

(a) 晶体定向　　(b) 正长石的晶体定向　　(c) 石膏　　(d) 单斜辉石

图 4-21　单斜晶系

七、三斜晶系（triclinic system）

晶体具有 3 个互不等长且相互斜交的结晶轴。

晶体常数特点：$a \neq b \neq c, \alpha \neq \beta \neq \gamma \neq 90°$。

最高对称型：C。

该晶系单形只有平行双面。

属于该晶系的宝石有斜长石、绿松石、蔷薇辉石和斧石等（图 4-22）。

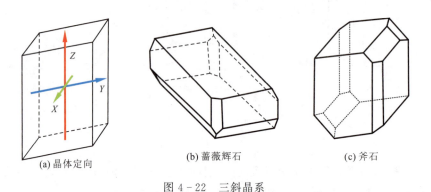

(a) 晶体定向　　　　(b) 蔷薇辉石　　　　(c) 斧石

图 4-22　三斜晶系

任务四　区分单形与聚形

理想的晶体可分为单形（simple form）和聚形（combination form）。单形是由对称要素联系起来的一组晶面的总和。同一单形的所有晶面同形等大（图 4-23）。例如立方体的 6 个面都是大小一致的正方形，八面体是由 8 个一样的等边三角形组成的。

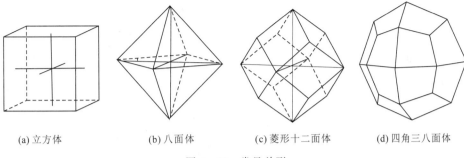

(a) 立方体　　　　(b) 八面体　　　　(c) 菱形十二面体　　　(d) 四角三八面体

图 4-23　常见单形

自然界中常见的重要单形及其特征详见表 4-3。

表 4-3　各晶系中的重要单形及其特征

晶族	形态特征	晶系	单形名称	单形形状	晶面数量	晶面在空间上的分布特点以及晶面与晶轴的关系	备注
高级晶族	三向等长，晶体常呈粒状	等轴晶系	立方体		6	晶面与一晶轴垂直，与其他晶轴平行，各晶面互相垂直	
			八面体		8	晶面与所有晶轴等距相交	
			菱形十二面体		12	晶面与一晶轴平行，与其他晶轴等距相交	
			四角三八面体		24	晶面与所有晶轴相交，其中与两个晶轴相交的截距相等，与另一晶轴相交的截距较短	
			五角十二面体		12	晶面与一晶轴平行，与其他晶轴不等距相交	
中级晶族	一向延长	三方、六方晶系	菱面体		6	上、下各有 3 个晶面，它们的交棱各相交于一点，上、下晶面错开 60°	只在三方晶系中出现
			三方单锥		3	3 个晶面的交棱相交于一点，横断面为正三角形	只在三方晶系中出现

续表 4-3

晶族	形态特征	晶系	单形名称	单形形状	晶面数量	晶面在空间上的分布特点以及晶面与晶轴的关系	备注
中级晶族	一向延长	三方、六方晶系	三方双锥		6	晶面必与 Z 轴相交,上、下各 3 个晶面,它们的交棱各相交于一点,呈双锥状,横断面为正三角形	只在三方晶系中出现
			三方柱		3	3 个晶面的交棱互相平行,并平行于 Z 轴,横断面为正三角形	
			六方柱		6	6 个晶面的交棱互相平行,并平行于 Z 轴,横断面为正六边形	
			六方单锥		6	6 个晶面的交棱相交于一点,横断面为正六边形	
			六方双锥		12	晶面必与 Z 轴相交,上、下各 6 个晶面,它们的交棱各相交于一点,呈双锥状,横断面为正六边形	
			平行双面		2	2 个晶面相互平行,且垂直于 Z 轴	
		四方晶系	四方柱		4	晶面必与 Z 轴平行,晶面交棱相互平行	
			四方单锥		4	4 个晶面的交棱相交于一点,横断面为正方形	
			四方双锥		8	晶面必与 Z 轴相交,上、下各 4 个晶面,它们的交棱各相交于一点,呈双锥状,横断面为正方形	
			平行双面		2	2 个晶面相互平行,且垂直于 Z 轴	

续表 4-3

晶族	形态特征	晶系	单形名称	单形形状	晶面数量	晶面在空间上的分布特点以及晶面与晶轴的关系	备注
低级晶族	晶体呈扁平状、板状、片状	斜方、单斜、三斜晶系	斜方单锥		4	4个晶面的交棱相交于一点，横断面为长方形或菱形	
			斜方双锥		8	晶面必与Z轴相交，上、下各4个晶面，它们的交棱各相交于一点，呈双锥状，横断面为长方形或菱形	
			斜方柱		4	晶面交棱相互平行，横断面为长方形或菱形	
			平行双面		2	2个晶面相互平行，且垂直于Z轴	

　　根据单形的晶面是否能够围成封闭空间，可以将单形划分为开形（open form）和闭形（closed form）。开形是所有晶面不能完全包围一定封闭空间的单形，须和其他单形聚合才能形成晶体，例如平行双面、柱类和单锥类。晶面可以围成一个封闭空间的单形称为闭形，例如立方体和八面体等。

　　需要注意的是单形和我们以往概念里的立体几何图形是不一样的，特别是开形。如图 4-24 所示，两个平行的且向外无限扩展的面即为平行双面，这是一种典型的单形；而图中的三方柱单形其实仅包含纵向的3个面，且这3个面也是在三维空间内向外无限延伸的。图 4-24(b)中还有上下2个三角形的截面，其形状与三方柱3个长方形的面完全不一致，因此这两个面不是三方柱单形的晶面。同理，四方单锥仅包含4个三角形侧面，而不包

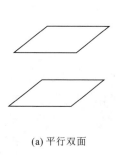
(a) 平行双面

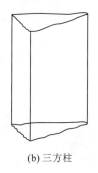
(b) 三方柱

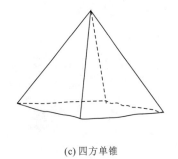
(c) 四方单锥

图 4-24　常见开形

含底部的正方形截面。

两个或两个以上的单形聚合在一起,共同围成的空间即为聚形。但单形的聚合不是任意的,属于同一对称型的单形才能聚合(图4-25)。

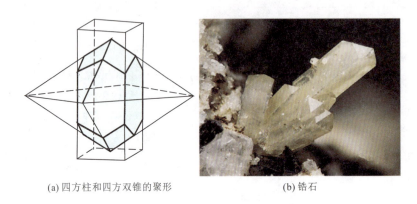

(a) 四方柱和四方双锥的聚形　　　　(b) 锆石

图4-25　聚形

大部分宝石晶体最后的产出形态都为聚形。一般情况下,有多少个单形相聚,聚形上就会出现多少种不同形状和大小的晶面,由此可以确定该聚形是由几个单形组合而成。然后逐一考察每一种同形等大的晶面的几何关系特征,并结合这些晶面扩展相交后的假想单形的形状,综合分析,最终可以得出聚形中各个单形的名称。但值得注意的是,形成聚形后的每个单形晶面的形状,可以完全不同于该单形单独存在时的晶面形状。上述聚形的分析过程仅针对理想晶体形态(即晶体模型)而言,在实际的晶体形态上,由于出现歪晶,同一单形的晶面并不同形等大,这时就要根据晶面花纹及晶面的物理性质等,来确定它们是否为同一单形的晶面。

任务五　认识双晶

在自然界中,大多数晶体并非长成理想形态,有的晶体长歪了,有的晶体成群生长,长成晶簇,还有很多晶体发育双晶。双晶(twin crystal)是指两个或两个以上的同种晶体,按一定的对称规律形成的规则连生的整体,相邻两个个体可以通过对称操作彼此重合或平行。晶体的凹角(内凹角大于180°)是确定双晶存在的可靠标志之一。

双晶主要有以下几种类型。

一、接触双晶(contact twin)

接触双晶是两个单晶体以一个近于规则的平面相接触而构成的双晶，其结合面简单而规则。常见的接触双晶有锡石的膝状双晶、尖晶石律双晶（图 4-26）等。

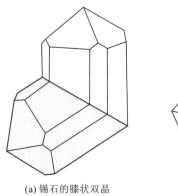
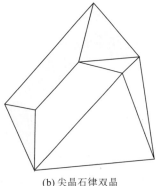

(a) 锡石的膝状双晶　　(b) 尖晶石律双晶

图 4-26　接触双晶

二、聚片双晶(polysynthetic twin)

聚片双晶即一系列接触双晶，由多个个体以同一双晶律连生，结合面相互平行，常以薄板状产出，每个薄板与直接相邻的薄板呈相反方向排列，而相间的薄板则有相同的结构取向，如钠长石的聚片双晶(图 4-27)。

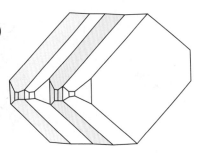

图 4-27　钠长石的聚片双晶

三、穿插双晶(penetration twin)

穿插双晶又称为贯穿双晶，是由两个个体相互穿插而形成的，如十字石的穿插双晶、萤石的立方体穿插双晶(图 4-28)和长石的卡氏双晶(图 4-29)。穿插双晶的结合面往往不是一个连续的平面。

四、轮式双晶(cyclic twin)

轮式双晶由两个以上的个体以同一双晶律连生，为若干接触双晶或穿插双晶的组合。各结合面互不平行，依次呈等角度相交，使双晶整体呈环状或辐射状，如金绿宝石的三连晶(图 4-30)。

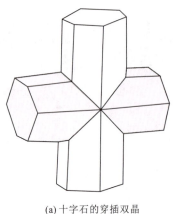

(a) 十字石的穿插双晶　　　　(b) 萤石的穿插双晶

图 4-28　穿插双晶

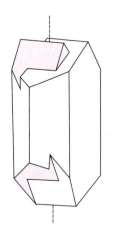

图 4-29　长石的卡氏双晶

双晶的特征：①有双晶结合面；②有内凹角；③外形对称性的变化。

双晶对宝石的光学性质（如晕彩的形成）和力学性质（如裂理）都有很大的影响。

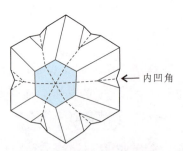

← 内凹角

图 4-30　金绿宝石的三连晶（"假六方"习性）

任务六 描述宝石的结晶习性

不同矿物的晶体结构不同。在一定的外界条件下,同一种晶体总是趋向于形成某一种形态,同种晶面发育相同的晶面特征,不同晶面发育不同的晶面特征,这种性质称为结晶习性。晶体生长和产出的不同表现出不同的结晶习性。例如钻石常呈八面体形态,晶面上可见三角形凹坑或三角座(图4-31);碧玺常呈三方柱形态,晶面上可见明显的纵纹(图4-32)等。

同一宝石的不同变种,结晶习性可能不同,例如红宝石常呈六方板状产出,蓝宝石常呈六方柱、六方双锥聚合成的桶状产出(图4-33)。

图4-31 钻石晶面上的三角形凹坑和三角座

图4-32 碧玺晶面上的纵纹

图4-33 红宝石的六方板状晶体与蓝宝石的六方桶状晶体

一、单晶与多晶

大多数宝石都是单个晶体,也称单晶宝石,如图 4-31—图 4-33 中的钻石、碧玺、红宝石、蓝宝石等。某些宝石由多个同种矿物单晶体或不同的矿物晶体聚集在一起,称为多晶质宝石。在宝石分类命名中我们将多晶质宝石又称为玉石。严格意义上来说,多晶质宝石就是岩石。图 4-34 中的紫水晶为单晶体,晶体呈现规则的几何外形,内部具有格子构造;而翡翠是典型的玉石,由硬玉的矿物颗粒聚集在一起形成,显微镜下可见明显的颗粒界线,每一粒矿物小颗粒都是一个单晶,也具有格子构造。

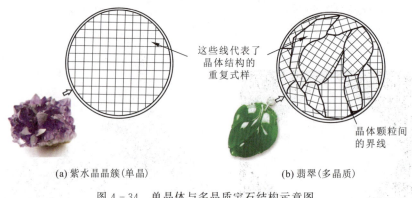

(a) 紫水晶晶簇(单晶)   (b) 翡翠(多晶质)

图 4-34 单晶体与多晶质宝石结构示意图

在偏光显微镜下可以更加明显地看出多晶质宝石的内部结构,即它们由多个细小的矿物晶体聚集而成(图 4-35),可见清晰的颗粒边界。对于多晶质宝石,当肉眼可以辨别矿物单体时,称为显晶质,例如石英岩、东陵石等;一些多晶质宝石的矿物颗粒极小,甚至小到在宝石显微镜下无法辨认单个矿物颗粒,我们称之为隐晶质,例如玛瑙、玉髓等。矿物成分相同的玉石,

图 4-35 偏光显微镜下的翡翠

可以有显晶质结构,也可以有隐晶质结构。例如翡翠的结构在业内被称为"种",图4-36(a)为显晶质结构的翡翠(豆种),质地较粗,颗粒感强;图4-36(b)为隐晶质翡翠玻璃(冰种),质地细腻温润。以SiO_2为主要成分的多晶质石英中,显晶质结构的称为石英岩,隐晶质结构的则称为玛瑙或玉髓(有同心环状色带的是玛瑙,没有的称为玉髓)。

宝石的结晶学特征是研究宝石物理性质的基础。

图4-36 翡翠的显晶质结构(a)和隐晶质结构(b)

二、宝石的结晶习性

常见宝石的结晶习性见表4-4。

表4-4 宝石的结晶习性

晶系	宝石	结晶习性
等轴晶系	钻石	典型的金刚光泽。常见的单形有八面体、菱形十二面体、立方体以及它们之间的聚形。熔融或溶蚀作用常使晶体圆化,使棱线钝化。八面体面上常因溶蚀作用而形成的三角形凹坑,呈等边三角形,且角顶指向边棱方向。晶面上还可有一些阶梯状的生长标志。 八面体结晶习性（三角形溶蚀凹坑、弯曲的晶面、阶梯状三角形标志） 菱形十二面体结晶习性（菱形十二面体晶面上的纹理、不均匀生长的菱形十二面体）

续表 4-4

晶系	宝石	结晶习性
等轴晶系	钻石	常见双晶为接触双晶,外观呈扁平状的三角形,因而被称为三角薄片双晶,角顶处可见内凹角,结合缝处有"V"形青鱼骨刺纹。
等轴晶系	石榴石	明亮的玻璃光泽。几乎所有的晶体都是菱形十二面体、四角三八面体,或二者的聚形。不均匀的生长会形成歪晶。
等轴晶系	尖晶石	明亮的玻璃光泽。通常以八面体单形出现。晶面可以很平坦,像抛过光,有时有三角形生长标志或三角形蚀痕。 可发育尖晶石律双晶,双晶大都很扁,角顶常有小的内凹角。

续表 4-4

晶系	宝石	结晶习性
等轴晶系	萤石	暗淡的玻璃光泽。大多数晶体呈立方体或八面体单形，常有方形的阶梯状生长标志，色带和生长带通常平行于立方体面的方向。有完全的八面体解理（四组），大多数晶体有解理缝，所以在八面体晶体解理面上常见阶梯状生长标志和解理缝，并呈现珍珠光泽（解理面产生的干涉色）。 八面体（阶梯状八面体上标志性的解理缝）
等轴晶系	黄铁矿	金属光泽，密度大。黄铜色的立方体、八面体或五角十二面体单形，常有晶面条纹。相邻晶面上的条纹总是互相垂直的。沿晶棱和角顶常有因脆性大、破裂而产生的缺口。 五角十二面体　立方体（互相垂直的晶面条纹）
四方晶系	锆石	极明亮的玻璃光泽至金刚光泽，即便在一些严重磨蚀的晶体上也可以看到这种光泽。由四方柱与四方双锥相组合，表现为简单的柱状结晶习性。柱面与锥面的发育程度不一，有时候锥面比柱面发育，而使锆石呈类似于八面体的双锥晶体。 晶棱常因许多小的破裂而出现缺口。 柱状结晶习性（四方双锥、四方柱）　横截面

续表 4-4

晶系	宝石	结晶习性
三方晶系	刚玉	红宝石常具板状习性，发育短的柱面和小的菱面体面。蓝宝石常呈瘦长的双锥体，有时为桶状。 可有具三方对称性的六边形生长色带和纤维状包裹体。 平行双面上常有能揭示三方对称性的三角形生长标志。常显示非常明亮的玻璃光泽，有时稍显金属状外观。
	碧玺	晶体呈柱状，常见单形为三方柱、三方双锥。横截面为球面三角形，柱面发育纵纹。一些晶体沿生长方向有颜色变化。

续表 4-4

晶系	宝石	结晶习性
三方晶系	方解石	将方解石晶体放在印有文字的纸上,可以很容易地看到双折射现象,转动方解石时还可以看到两个影像之间的距离在变化,甚至重合。明显可见三组解理,常有由初始解理引起的晕彩及解理面上的珍珠光泽。 表面常布满划痕和小的解理。 阶梯状解理面　解理缝 菱面体解理　　明显双折射影像
	石英	常为六方柱与菱面体的聚形组成的柱状晶体。六方柱晶面上常发育横纹(垂直 Z 轴)。通常有两个菱面体单形,它们组合在一起看上去像一个双锥。除非这两个菱面体不均匀发育,否则很难看出它的三方对称性。晶体通常是一头大一头小。 紫晶常显示色带和生长带。 不规则生长形成的歪晶　典型的横截面　平行生长的柱　破裂的底部　晶簇 两个菱面体单形各自的晶面　柱面发育的横纹 **柱状结晶习性**

续表 4-4

晶系	宝石	结晶习性
六方晶系	绿柱石	六方柱单形，柱状结晶习性，有时为短柱状。蚀痕可揭示对称性。 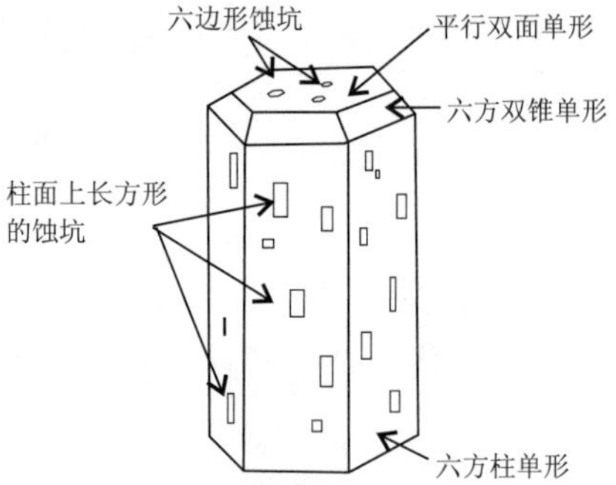 （图示：柱状晶体习性，标注有六边形蚀坑、平行双面单形、六方双锥单形、柱面上长方形的蚀坑、六方柱单形）
斜方晶系	托帕石	柱状晶形，常见单形有斜方柱、斜方双锥、平行双面等，其中斜方柱较发育。主要的斜方柱单形通常是长的并伴有条纹，有时条纹很深。横截面通常近菱形，解理常见于底部，也表现为外部破裂。常发育完全解理，并只出现在一个方向：垂直于 Z 轴的方向（即平行于底面）。 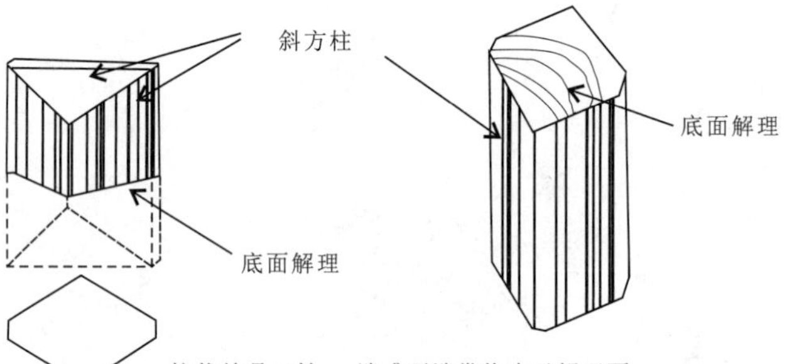 （图示：斜方柱、底面解理、横截面；柱状结晶习性：一端或两端常终止于解理面）
	金绿宝石	光泽很明亮。晶体常呈扁平状或厚板状，可发育"假六方"三连晶。常有平行双面，靠内凹角可识别出三连晶，在表面和内部可看到以条纹形式显示的双晶纹。 （图示：三连晶产生的"假六方"习性，内凹角） 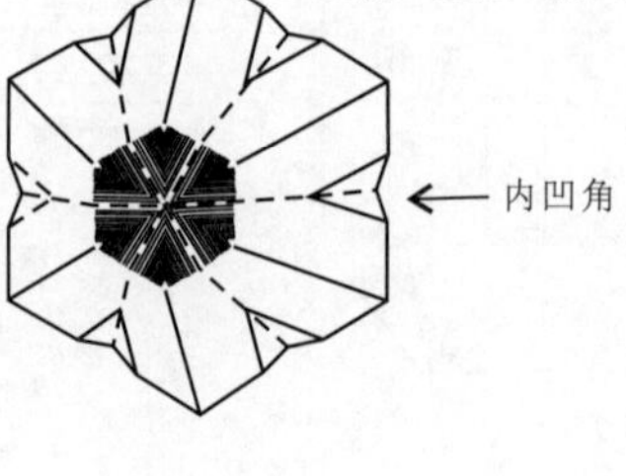

续表 4-4

晶系	宝石	结晶习性
斜方晶系	橄榄石	通常是黄绿色，玻璃光泽。垂直的斜方柱，具近菱形的横截面。常破裂或磨圆并具暗淡玻璃光泽或油脂光泽，显著的双折射，显微镜下可见明显刻面棱重影。柱面常见竖纹。
斜方晶系	坦桑石	尽管坦桑石多数是碎块，但也有完整的晶体。通常为柱状晶体，有大致为长方形的横截面，某些晶面上有条纹，晶体通常一端破裂。玻璃光泽，蓝色至红紫色，有明显的多色性。
单斜或三斜晶系	长石	玻璃光泽。大多数原石是碎块状的，显示两个方向的解理。无色、浅蓝色、黄色或淡肉红色。两组完全解理，夹角近于90°，解理面上可显示珍珠光泽。有些晶体或碎块在特定方向上可看到晕彩效应（在月光石和拉长石中最明显）。

习 题

一、名词解释

1. 晶体
2. 对称面
3. 对称轴
4. 对称型
5. 单形
6. 双晶
7. 多晶质

二、判断题

1. 宝石都是结晶物质。   (   )
2. 同一种单晶宝石不同方向上的硬度应相同。   (   )
3. 钻石是等轴晶系的,所以它不同晶面硬度相同。   (   )
4. 等轴晶系的晶体一定有对称中心。   (   )
5. 晶体都有对称中心。   (   )
6. 晶体的对称不仅体现在外形上,也体现在物理性质上。   (   )
7. 在进行对称操作的时候,为使晶体作有规律重复而凭借的一些假想的几何要素称为对称要素。 (   )
8. 轴次高于二次的对称轴,即 L^3、L^4、L^6,称为高次轴。 (   )
9. 三方晶系的最高对称型是 $L^3 3L^2 3PC$。   (   )
10. 三方柱、三方双锥、菱形十二面体都属于三方晶系。   (   )
11. 单形中的斜方柱与四方柱的区别在于:斜方柱的横截面是菱形或者长方形,而四方柱的横截面是正方形。 (   )
12. 双晶就是一种聚形。   (   )
13. 十字石的穿插双晶与尖晶石的三角薄片双晶属于同一双晶类型。
                                                      (   )
14. 碧玺常呈三方柱状,晶面上可见明显的横纹。   (   )
15. 多晶质的宝石就是玉石。   (   )
16. 钻石的八面体晶面上常因溶蚀而生长三角形凹坑。   (   )

三、选择题

1. 晶体是(   )。

A. 具有格子构造的固体　　　　B. 具有一定化学成分的固体
C. 有一定外形的固体　　　　　D. 具有一定规律的固体

2. 晶体可分为(　　)。

A. 3 个晶族　　B. 4 个晶族　　C. 6 个晶族　　D. 7 个晶族

3. 等轴晶系的对称特点是(　　)。

A. 均有 3 个 L^4　B. 均有 3 个 L^2　C. 均有 4 个 L^3　D. 均有 6 个 L^2

4. 三斜晶系晶体常数特征是(　　)。

A. $a=b\neq c, \alpha=\beta=\gamma=90°$　　　B. $a\neq b\neq c, \alpha=\beta=90°, \gamma\neq 90°$
C. $a\neq b\neq c, \alpha\neq\beta\neq\gamma\neq 90°$　　　D. $a=b=c, \alpha=\beta=\gamma=90°$

5. 属于四方晶系的宝石有(　　)。

A. 石榴石　　B. 方解石　　C. 锆石　　D. 翡翠

6. 以下哪个单形不属于等轴晶系？(　　)

A. 立方体　　B. 菱面体　　C. 八面体　　D. 菱形十二面体

7. 以下哪个晶系不属于中级晶族？(　　)

A. 三方晶系　　B. 四方晶系　　C. 斜方晶系　　D. 六方晶系

8. 金绿宝石属于(　　)。

A. 三方晶系　　B. 单斜晶系　　C. 斜方晶系　　D. 三斜晶系

9. 托帕石属于(　　)。

A. 三方晶系　　B. 单斜晶系　　C. 斜方晶系　　D. 三斜晶系

10. 聚形是(　　)。

A. 两个或两个以上单形的聚合　　B. 由双晶形成的
C. 几个晶体有规律的聚合　　　　D. 两个或两个以上单晶的聚合

四、问答题

1. 晶体是如何分类的？
2. 借助示意图描述各个晶系及其晶体常数特点。
3. 双晶的类型有哪些？

模块五　学习晶体光学基础

任务及要求

❖ 了解光的本质

❖ 学习电磁波的特点

❖ 区分可见光、单色光与白光、自然光与偏振光

❖ 掌握光在宝石中的作用

❖ 掌握折射定律、光的全反射与临界角

❖ 重点掌握光波在均质体与非均质体宝石中的传播特点

❖ 了解光的干涉与衍射作用

❖ 熟悉一轴晶与二轴晶光率体

任务一 了解光的本质

研究宝石最重要的内容之一是研究宝石的光学性质。想要充分了解光学性质及其在鉴定和质量评价中的作用,先要了解光的本质以及它在各种宝石中的现象。光学性质是指当光透过宝石或经宝石反射、折射后所产生的现象。利用宝石的光学性质可以准确、无损、有效地鉴定宝石。

一、光的波动性

光在日常生活中随处可见。光既能像波浪一样向前传播,有时又表现出粒子的特征,因此我们认为光具有"波粒二象性",这就是光的本质。实验证明:光在传播过程中主要表现为波动性,而在与物质相互作用时主要表现为粒子性;大量光子表现出来的是波动性,少量光子表现出来的是粒子性;波长越长光的波动性越明显,波长越短则粒子性越明显。

1. 波(wave)

波或波动是在空间以特定形式传播的物理量或物理量的振动,振动的形式任意。波的传播速度总是有限的。除了电磁波和引力波能够在真空中传播外,大部分波,如机械波,只能在介质中传播。

波的传播总伴随着能量的传递,机械波传递机械能,电磁波传递电磁能。在物理学上,根据不同性质可将波分为机械波与电磁波两种,按振动方向与传播方向的关系可分为横波与纵波两种。质点振动的方向垂直于波的传播方向的波称为横波,如电磁波等;质点振动的方向平行于波的传播方向的波称为纵波,如声波等。

以横波为例,波长是指相邻两个相同相位点之间的距离,通常用相邻的波峰或相邻的波谷之间的距离来表示(图 5-1)。波长(λ)与频率(f)成反比。频率就是在固定时间内,通过某一指定地方的波的数目。它们之间的关系如下:

$$v(波速) = \lambda \times f$$

光波是一种典型的横波,其振动方向垂直于光波的传播方向。波速一定时,波长越长则频率越低,波长越短则频率越高。研究表明,频率高的光波具有较高的能量($E = h \times f$,h 为普朗克常数)。频率是光波的重要特征值。同一光波在不同介质中传播时,其频率是固定不变的,但传播速度是不同的,因此其相应的波长是随传播的介质不同而改变的。决定光的颜色的

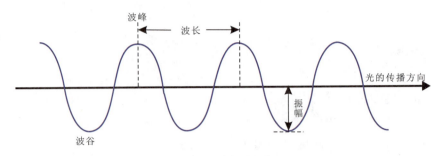

图 5-1　波长及振幅

是光波的频率,而不是波长。如某红色光波,$f=4\times10^{14}\,\mathrm{Hz}$,按上述公式可算出它在空气中的波长为 750nm;进入水中后,光波频率不变,但由于传播速度变小,波长变短约为 563nm。尽管该光波在水中波长变短,但仍为红色。而在空气中波长 563nm 的光为黄绿色。宝石的光学性质中所指的光波波长以及对应的颜色均是真空或空气中的。

2. 电磁波(electromagnetic wave)

光是一种以极快的速度通过空间传递能量的电磁波。我们所能看到的日光只是太阳辐射能的一小部分,其他波段的光是我们肉眼无法看到的。全部辐射能谱构成的电磁波谱(图 5-2)是一个包括了全部波长的完整波谱,即从波长最长的无线电波(最低能量的波)到最短的 γ 射线(最高能量的波)。

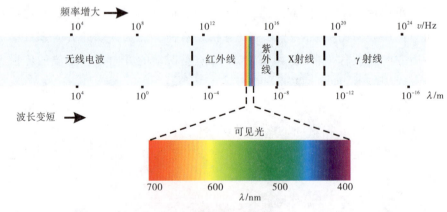

图 5-2　电磁波谱与可见光

电磁波谱中的某些部分在宝石学中的应用非常广泛。

(1)红外线用于反射仪,作为宝石鉴定的辅助手段。此外,红外分光光度计在实验室中被用于测定一些宝石的红外光谱,进而鉴定宝石品种,判断宝石是否经过优化处理。例如 B 货翡翠常显示特征的红外吸收光谱。

（2）可见光展示了宝石丰富的颜色和其他特殊光学效应。可见光还广泛用于鉴定宝石的各种方法中。

（3）紫外线可用于检测某些宝石产生的荧光。

（4）X 射线能用于区别各种类型的珍珠。它能使某些宝石产生荧光，还能用于某些宝石的人工改色。

（5）γ 射线可用于改变某些宝石的颜色，例如托帕石的辐照改色。

二、可见光、单色光与白光、自然光与偏振光

可见光（visible light）是正常人肉眼能够见到（感觉到）的一段电磁波谱，波长为 400～700nm（图 5-3）。可见光可以是单色光，也可以是白光；可以是自然光，也可以是偏振光。

可见光从波长最长的红光起，经橙光、黄光、绿光、蓝光，直到最短的紫光。两个相邻的颜色之间没有明显的界线，而是一系列很自然的过渡色。为了便于记忆，本书用整数段表示各颜色波长大概的范围。这样表示便于大家掌握分光镜的用法。将这些单色的光混合起来就是白光，而单色光（monochromatic light）是频率为某一定值或在某一窄小范围的光，即单一颜色的光。如钠光灯产生的黄光，波长为 589.3nm。单色光可以是自然光，也可以是偏振光。

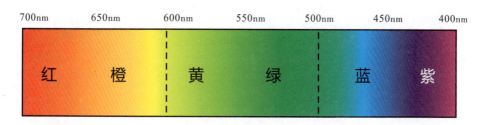

图 5-3 可见光

自然光（natural light）与偏振光（polarized light）在宝石中的应用比较普遍。从实际光源（如太阳、灯泡等）发出的光，一般都是自然光。自然光的基本特征是在垂直光波传播方向的平面内，沿各个方向都有等振幅的光振动［图 5-4(a)］。在垂直光波传播方向的平面内，仅沿某一固定方向振动的光波称为平面偏振光，简称偏振光或偏光［图 5-4(b)］。

自然光可以通过反射、折射、双折射（图 5-5）及选择性吸收等作用转变成偏振光。偏振化作用使自然光转变成偏振光。在光学实验中将自然光转

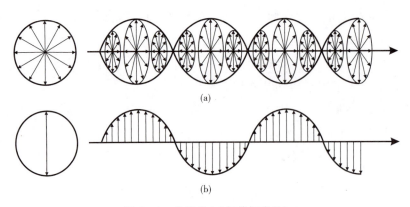

图 5-4 自然光(a)与偏振光(b)

变为偏振光的装置称为偏振片(起偏器)。偏振片上允许通过的光的振动方向叫作偏振化方向,图 5-6 中 A、B 方向均为偏振化方向。

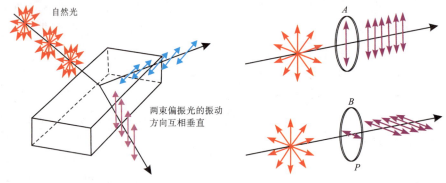

图 5-5 自然光通过双折射转变为振动方向互相垂直的偏振光

图 5-6 自然光经过偏振片后转变为特定振动方向的偏振光

三、光在宝石中的作用

1. 光和颜色

光与宝石的相互作用使宝石绚丽多彩,深受人们喜爱。

2. 光的透射

当光进入宝石时,有的全部光线都穿过宝石,有的只有部分光线穿过宝石,有的光线全部被阻挡,这是由物质的结构、构造及杂质决定的。这种现象对应的物理性质是透明度。宝石透明度根据透光程度可分为透明、半透明、微透明和不透明 4 个等级。

3. 宝石的特殊光效

有些欧泊表面的变彩是光线在其内部发生干涉与衍射现象而产生的一

种漂亮的光学效果。某些宝石内部有平行排列的丝状包体,经过定向加工后宝石表面能够产生猫眼效应或星光效应,这也是宝石与光的完美结合。

4. 宝石鉴定

鉴定宝石时所使用的折射仪、偏光镜、分光镜及二色镜等常规仪器,都是利用宝石的光学性质。这些仪器操作方便,能快捷和无损地鉴定宝石。

任务二 掌握光的折射与全反射

一、光的折射与反射

光波在同一种均匀的介质中一般沿直线方向传播。而光波从一种介质传播到另一种介质时,在两种介质的界面上将发生程度不同的反射及折射等现象。反射光按反射定律返回原介质,折射光按折射定律进入另一种介质中(图5-7)。入射线、反射线、折射线与法线均在同一平面内。

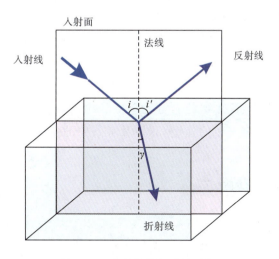

图5-7 光的折射与反射现象

1. 反射定律

光在两种物质界面上改变传播方向又返回原来物质中的现象,叫作光的反射(reflection of light)。入射线与反射线分别居于法线两侧,且反射角等于入射角。

2. 光密度

光密度(optical density)是指宝石所具有的能减缓光的传播速度并使光产生折射(折光)效应的一种复杂的特性,折射率的高低可反映光密度的大小。

两种介质相比较,光的传播速度较小(折射率较大)的介质为光密介质,光的传播速度较大(折射率较小)的介质为光疏介质。介质光密度的大小是相对的,例如相对于空气来说,水是光密介质,而相对于玻璃来说,水又是光疏介质。

二、折射定律与折射率

1. 折射

折射(refraction)是指光从一种介质进入另一种光密度不同的介质时,传播方向发生改变的现象。当光从光疏介质进入光密介质时,光线偏向法线折射,折射角小于入射角。

2. 折射定律

入射线、法线、折射线在同一平面内,对于给定的任何两种相接触的介质及给定波长的光来说,入射角的正弦与折射角的正弦之比为一个常数。

(1)折射率(refractive index)等于入射角的正弦与折射角的正弦之比,用符号 RI 表示。

(2)宝石的折射率也可表示为光在空气中的速度与在某宝石中的速度之比,即 RI＝光在空气中的速度/光在某宝石中的速度。

什么是 sin?

sin:正弦函数。在直角三角形 ABC 中,∠C＝90°,∠C 的对边 AB 的长度为 c,∠A 的对边 BC 的长度为 a,∠B 的对边 AC 的长度为 b,sinA＝a/c。

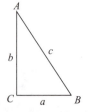

当光从空气中传播到宝石中时,宝石的光密度越大,则入射光的传播速度减缓得越明显,即光在宝石中的传播速度越小,相应折射率越高;反之,宝石的光密度越小,从空气中进入宝石的入射光的传播速度减缓得越不明显,

则其相应折射率越低。

需要注意的是,光密度与相对密度不是一个概念。例如:水的相对密度大于酒精,但水的折射率却小于酒精,故水的光密度也小于酒精。

3. 折射率的意义

在研究宝石时,折射率是一个非常重要的物理参数。每种宝石都有固定的折射率或折射率范围。测定宝石的折射率是鉴定宝石材料的重要方法之一。

宝石折射率大小取决于光在该宝石中的传播速度,光的传播速度又取决于光与宝石的互相作用。如钻石的折射率为 2.417,这就说明光在空气中的传播速度是钻石中的 2.417 倍。自然界中不同的宝石品种,光密度不一样,那么光进入宝石后传播速度不同,对应的折射率大小也不同。折射率是一个大于 1 的常数,可以直接在折射仪上读取。

三、光的全反射与临界角

当光从光密介质进入光疏介质时,折射光线偏离法线方向,折射角大于入射角。当折射角为 90°时,即折射光线沿两介质界面通过时,所对应的入射角称为全反射临界角(简称临界角);所有入射角大于临界角的入射光线不发生折射,即不能进入光疏介质而只能在原介质内发生反射,并遵循反射定律(反射角等于入射角),此时所有入射光线将全部返回到光密介质,这一现象称为光的全反射(全内反射,total reflection)(图 5-8)。

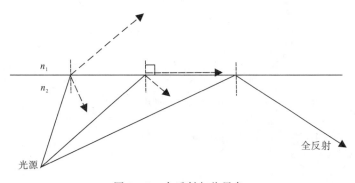

图 5-8 全反射与临界角

* 请同学们在图 5-8 中标出光密介质、光疏介质,并将全反射的临界角标示出来。

人们利用这一特性制造出许多光学仪器,其中包括折射仪。折射仪的工作原理(图 5-9)正是建立在全反射的基础上,它是通过将测到的宝石的临界角度数直接换算成折射率值的一种仪器。折射仪中的棱镜是光密介质，通常用合成立方氧化锆(CZ)，而宝石则是光疏介质。

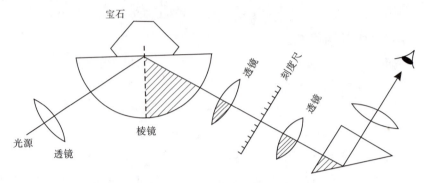

图 5-9　折射仪的工作原理

在宝石加工中也会用到全反射。例如钻石的标准圆钻型，是按照理想比例加工的，使光进入钻石发生全反射[图 5-10(a)]，产生最大的亮度和最强火彩。而当加工比例不正确时就会导致光线从亭部漏走，钻石就不那么闪耀了。

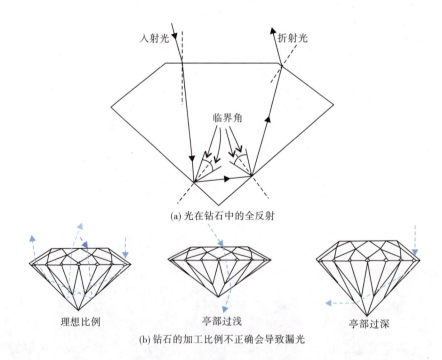

(a) 光在钻石中的全反射

(b) 钻石的加工比例不正确会导致漏光

图 5-10　钻石的加工比例与全反射

任务三　区分均质体与非均质体

一、光在均质体宝石中的传播特点

根据光学性质的不同,即光波在宝石中的不同传播特点,可以将宝石划分为均质体(isotropic body)和非均质体(anisotropic body)两大类。

均质体宝石包括等轴晶系与非晶体宝石,它允许光线朝各个方向以相同的速度通过。这类宝石在任意方向上均表现出相同的光学性质,只有一个折射率值,因此又叫各向同性宝石或单折射宝石。

特定频率的光在均质体宝石内传播时,随着入射光传播方向的改变,光波在晶体中的振动方向也会发生改变,但入射光的传播速度却始终是一个恒定的值(图 5-11),不因光波振动方向的不同而发生改变。因此每个振动方向所对应的折射率值不变。

自然光进入均质体宝石后,传播时仍为自然光;偏振光进入均质体宝石后,传播时仍为偏振光。

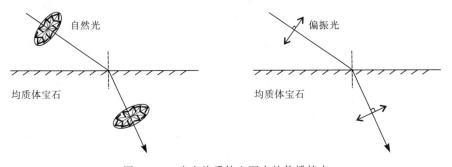

图 5-11　光在均质体宝石中的传播特点

二、光在非均质体宝石中的传播特点

非均质体宝石包括三方、四方、六方、斜方、单斜、三斜晶系的宝石,它们均表现出定向的光性特征,即各向异性。光进入非均质体宝石时都会分解产生折射率值不同的两条光线,因此非均质体宝石又叫作各向异性宝石或双折射宝石。

与均质体宝石截然不同的是:特定频率的光进入非均质体宝石后,在传播时,入射光将分解成两条传播方向不同、振动方向互相垂直的偏振光

(图5-12),两条偏振光的传播速度不同,则对应两个不同的折射率值,两个折射率值之间的差值称为双折射率值,用 DR 表示。

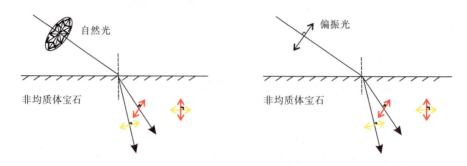

图 5-12 光在非均质体宝石中的传播特点

在切磨双折射率高的宝石时,台面应垂直光轴,这时从台面就看不到刻面棱重影,宝石显得清晰透明。

三、光轴

所有双折射宝石都有一个或者两个特殊方向,当光从特殊方向进入宝石时,光的性质不会发生变化,也不发生双折射,这些方向称为光轴(optic axis)。三方、四方、六方晶系的宝石只有一个光轴,称为一轴晶(uniaxial crystal);斜方、单斜、三斜晶系的宝石有两个光轴,称为二轴晶(biaxial crystal)。

宝石的光性特征见表 5-1。

表 5-1 光性均质体与光性非均质体

类型	宝石类型	晶系	实例
均质体	非晶质体宝石		玻璃
	高级晶族宝石	等轴晶系	钻石、石榴石、尖晶石
非均质体	中级晶族宝石（一轴晶）	三方晶系	水晶、红宝石、蓝宝石、碧玺、方解石
		六方晶系	绿柱石、磷灰石、蓝锥矿
		四方晶系	锆石、锡石、金红石
	低级晶族宝石（二轴晶）	斜方晶系	金绿宝石、橄榄石、托帕石
		单斜晶系	透辉石、正长石
		三斜晶系	斜长石、蓝晶石

任务四 学习光的干涉与衍射

一、光的干涉

1. 干涉作用

波长相同、相差恒定、传播方向相近的两束或两束以上的光在同一介质中相遇时,在交叠区相互作用而相长增强或相消删除,在空间某区域光的强弱形成稳定的分布,这种现象称为光的干涉。产生干涉作用的波称为相干波。并不是任意两束光相遇都可发生干涉作用,能发生干涉作用的两束光必须符合以下条件:两束光的频率相同,振动方向相同,位相相同或位相差恒定。

振动方向一致、振幅和频率相同的两束相干波(光波1与光波2)相遇,光波1的波峰、波谷与光波2的波峰、波谷同方向重叠,两束光波发生干涉,其结果是产生的干涉波具有双倍的振幅,该过程称相长增强,光亮度因而加强[图5-13(a)]。当这两束光波振动相位完全相反时,即光波1的波峰与光波2的波谷位相相同,反向重叠,由于电磁场相互抵消,光波1与光波2干涉的结果是光亮度减为零,该过程称为相消删除[图5-13(b)]。

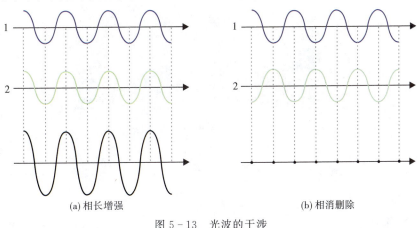

(a) 相长增强   (b) 相消删除

图 5-13　光波的干涉

2. 杨氏双缝干涉

托马斯·杨在1807年综合整理了他在光学方面的工作而设计了杨氏双缝实验:将一支蜡烛放在一张开了一个小孔的纸前面,这样就形成了一个点光源,在这张纸后面再放一张开了两道平行狭缝的纸,从小孔中射出的光穿过两道狭缝投到屏幕上,就会形成一系列明暗交替的条纹,这就是著名的双缝干涉条纹。

由杨氏双缝实验可知(图5-14),光源的光沿箭头方向传播时,在小孔 S 处形成一个点光源,以确保到达 S_1、S_2 两个狭缝的光的性质是完全相同的。当性质完全相同的光通过 S_1、S_2 两个狭缝(即杨氏双缝)后,S_1、S_2 便构成一对相干光源,从 S_1、S_2 发出的光将在空间叠加,形成干涉现象。

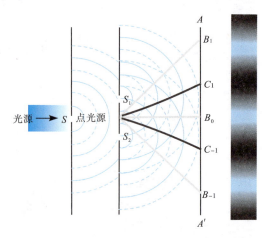

图5-14 杨氏双缝干涉示意图

如果光源为单色光,当两个子波源 S_1、S_2 的光在某个方向上的波程差为半波长的偶数倍时,两光波在空间相遇时得到加强,在屏幕 AA' 上显示亮的条纹,如图5-14中 B_0、B_1、B_{-1} 所示的位置。当两个子波源的光在某个方向上的波程差为半波长的奇数倍时,两光波在空间相遇时便相互消减,在屏幕 AA' 上显示暗的条纹,如图5-14中 C_1、C_{-1} 所示的位置。

白光双缝干涉实验的图样是彩色的,如图5-15所示。

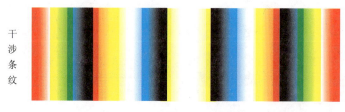

图5-15 白光双缝干涉图样

杨氏双缝实验是一个一维光栅的点间干涉,而在宝石中经常发生的是二维空间的面干涉和三维空间的干涉,相对比较复杂。

3. 干涉色

两个单色光源相干波发生干涉时产生的一系列明暗条纹,称为干涉条纹(图5-16)。干涉条纹是一组平行、等间距的明暗相间的直条纹,中央为零级明纹,左右对称,明暗相间,均匀排列。而理论上白光发生干涉时,干涉的结果是白光中单色光的条纹将按波长依次排开,中心为白光,最靠近白光的为紫色,依次为蓝色、绿色,最远处为红色,白光两侧对称分布,这是由于不同波长的光干涉条纹间距不同,而实际上白光两侧的条纹是各色光的叠加。以中心向外第一个亮条纹为例,波长越大,干涉条纹间距越宽,就越靠外。所以在第一条纹里,靠内的是紫光、蓝光,靠外的是红光。

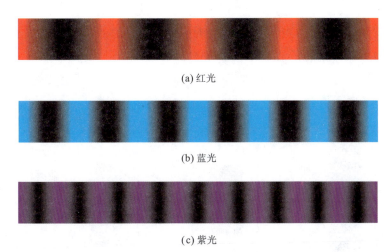

(a) 红光

(b) 蓝光

(c) 紫光

图 5-16 单色光的双缝干涉图样

由干涉作用形成的颜色,称为干涉色。干涉色的具体颜色受两束相干光的光程差制约。如果以白光作光源,当光程差在 0～550nm 范围内时,将依次出现暗灰色、灰白色、黄橙色、紫红色诸多干涉色,称为第一级序干涉色,其干涉色的特点是只有暗灰色、灰白色,而无蓝色、绿色;当光程差在 550～1100nm 范围内时,将依次出现蓝色、绿色、黄橙色、紫红色干涉色,称为第二级序干涉色,其特点是颜色鲜艳,干涉色条带间界线较清楚;当光程差为 1100～1650nm 时,将出现第三级序干涉色,其干涉顺序与第二级序一致,但其干涉色色调比第二级序浅,干涉色条带间的界线已不十分清晰;当光程差大于 1650nm 时,将出现第四级序甚至更高级序的干涉色。干涉色级序越高,颜色越浅,干涉条带之间的界线也越模糊不清。

二、光的衍射

光在传播过程中,遇到障碍物或小孔时,将偏离直线传播的路径而绕过障碍物传播的现象,叫作光的衍射。光的衍射与干涉一样证明了光具有波动性。自光源发出的光线穿过宽度可以调节的狭缝后,在屏幕上会出现光斑。在光源、狭缝和屏幕位置相对固定的情况下,光斑的大小由狭缝的宽度所决定(图 5-17)。如果缩小狭缝的宽度,光斑也会随之变小[图 5-17(a)(b)];但当狭缝的宽度缩小到一定程度时,如约 10^{-4} m,若狭缝的宽度再继续缩小,光斑不但不会缩小,反而会增大[图 5-17(c)(d)]。这时光斑的亮度也会发生变化,由原来亮度均匀的亮斑变成了一系列明暗相间的条纹(光源为单色光源)或彩色条纹(光源为白色光源),条纹也失去了明显的界线,这就是光的衍射现象。衍射产生的原因是:在没有障碍时,光是以平面波的形式向前推进传播的,当遇到障碍物时,其波场中的能量分布会发生变化,在障碍物边缘产生的子波的相位关系被打破,它们不再是平面波的一部分,不再沿平行方向传播,而是改变了传播方向,同时一系列子波发生干涉便产生了干涉条纹。因此衍射产生的颜色效应包括了干涉。

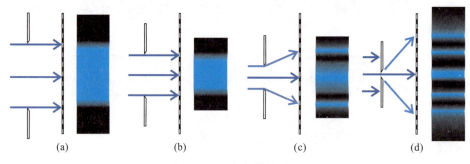

图 5-17 光衍射的原理

衍射是有条件的,只有当障碍物的大小与光波波长十分相近或略大于光波波长时,才能发生衍射。当单色光发生衍射时,会产生明暗相间的条纹;当白光发生衍射时,产生的将是五颜六色的彩色条纹,衍射效应产生的是纯正的光谱色。光的衍射在宝石学中的应用主要有两个方面。其一,利用光的衍射原理而设计的衍射光栅,是分光镜的主要构件之一。从广义上来说,所谓光栅,就是具有周期性的空间结构或光学性能的衍射屏。利用衍射光栅制作分光镜可以将白光分解成线性的衍射光谱,且光谱颜色鲜艳。其二,利用光的衍射原理,可解释宝石中的一些特殊光学效应,如变彩效应。

任务五 学习光率体

光率体(indicatrix)是晶体光学的理论基础,应用光率体可以解释晶体中的许多光学现象,如正交镜下的消光类型、锥光镜下的干涉图等,而且能够更为直观地帮助我们理解折射仪在测试宝石的折射率时阴影边界的变化规律、宝石二色性如何影响切工定向等问题。在学习光率体时我们必须注意以下几个问题。

(1) 光波是一种横波，它的传播方向与振动方向互相垂直。已知振动方向（切面的方向）就可以知道光波的传播方向，同时也就可以了解不同传播方向上光的折射率值以及双折射率值的变化情况。

(2) 光率体的形态及其构成要素。

(3) 光率体主轴与晶体结晶轴的关系。

(4) 光性正负划分的原则。

(5) 各种典型切面在光率体中的位置。一定要将光率体的立体模型与各种典型切面结合起来理解。

一、光率体的概念

1. 定义

光率体是表示光波在晶体中传播时，光波振动方向与相应折射率之间关系的一种光性指示体。也可以说光率体是表示光波在晶体中各振动方向上折射率和双折射率变化规律的立体几何图形。光率体反映了晶体最基本的光学性质，其形状简单、应用方便，是解释晶体光学现象的基础。

2. 具体做法

设想自晶体的中心起，沿光波各个振动方向，以线段的方向表示光波的振动方向，以线段的长短按比例表示该振动方向上光波折射率的大小，然后将各线段的端点连接起来构成一个立体图形，此立体图形即为光率体。

晶体中不同振动方向的折射率，可以通过晶体不同的切面在晶体折射仪中测出。因此光率体是从晶体具体的光学性质中抽象出的立体概念，光率体在晶体中不代表具体位置，只表示方向。

二、均质体宝石的光率体

非晶体和等轴晶系的宝石均为均质体宝石。光波在均质体宝石中传播时，向任何方向振动，其传播速度不变，折射率值相等。因此，均质体宝石的光率体是一个圆球体（图5-18）。过球体中心的任意方向的切面都是圆切面，圆切面的半径 N 代表均质体宝石的折射率值。

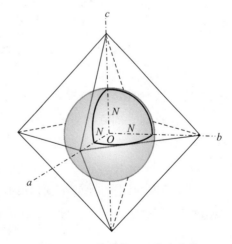

图 5-18　均质体宝石的光率体

三、一轴晶宝石的光率体

中级晶族包括三方、四方、六方晶系,都属于一轴晶。这类宝石有最大和最小两个主折射率值,分别以符号 Ne 和 No 表示,双折射率 DR=|Ne－No|。当 Ne＞No 时,其光性为一轴晶正光性;当 Ne＜No 时,其光性为一轴晶负光性,例如水晶与方解石的光率体(图 5-19)。

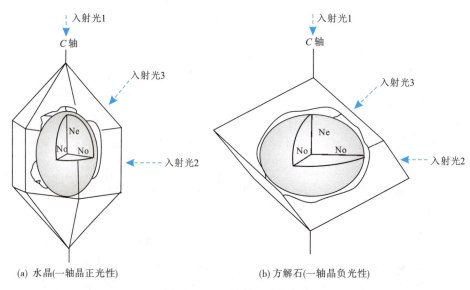

(a) 水晶(一轴晶正光性)　　　　(b) 方解石(一轴晶负光性)

图 5-19　一轴晶宝石光率体

1. 一轴晶正光性(以水晶为例)

(1)当光波沿光轴(表示为 C 轴)入射时[图 5-19(a)入射光 1],不发生双折射,测得其折射率为 1.544,即 No=1.544。自晶体中心起,在垂直 C 轴的方向上截取一定的长度线,线的长度代表 No=1.544,即圆半径为折射率值 No[图 5-20(a)]。

(2)当光波垂直水晶 C 轴入射时[图 5-19(a)入射光 2],入射光发生双折射,分解成振动方向互相垂直的两种偏光:其中一偏光振动方向垂直石英 C 轴,测得其折射率为 1.544,即 No=1.544;另一偏光振动方向平行 C 轴,测得其折射率 Ne=1.553。自晶体中心起,在平行 C 轴方向上等比例截取 Ne=1.553 长度的线段,垂直 C 轴方向上等比例截取 No=1.544 长度的线段。以这两条线段为长、短半径,即可构成一个垂直入射光的椭圆切面[图 5-20(b)]。

(3)当光波斜交 C 轴入射时[图 5-19(a)入射光 3],入射光发生双折

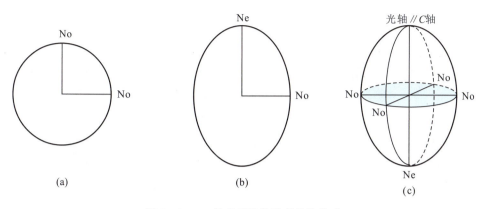

图 5-20 一轴晶正光性光率体的构成

射,分解成振动方向互相垂直的两种偏光,其中一偏光有一个固定不变的折射率值(No=1.544),另一偏光因入射方向不同而变化于 1.544~1.553 之间,以 Ne′表示。

如果将图 5-20 中的(a)(b)两个平面图形组合起来,即可得到一个表示石英与各光波振动方向相应折射率值的空间几何图形。这就是石英的光率体[图 5-20(c)],它的光轴方向平行 C 轴。

2. 一轴晶负光性(以方解石为例)

(1)当光波沿 C 轴入射时[图 5-19(b)入射光 1],不发生双折射,所测得的折射率为 No(No=1.658),以 No 为半径作一圆切面[图 5-21(a)]。

(2)当光波垂直 C 轴入射时[图 5-19(b)入射光 2],入射光发生双折射,分解成振动方向互相垂直的两种偏光:其中一偏光振动方向垂直于方解石 C 轴,测得其折射率为 1.658,即 No=1.658;另一偏光振动方向平行 C 轴,测得其折射率为 1.486,即 Ne=1.486。自晶体中心起,在平行 C 轴方向上截取一段线段,用合适的长度代表 Ne=1.486,垂直 C 轴方向上截取等比例的线段,代表 No=1.658。以这两条线段为长、短半径,即可构成一个垂直入射光的椭圆切面[图 5-21(b)]。

(3)当光波斜交 C 轴入射时[图 5-19(b)入射光 3],入射光发生双折射,分解成振动方向互相垂直的两种偏光,其中一偏光有一个固定不变的折射率值(No=1.658),另一偏光因入射方向不同而变化于 1.486~1.658 之间,以 Ne′表示。

如果将图 5-21 中的(a)(b)两个平面图形组合起来,即可得到一个表示方解石与各光波振动方向相应折射率值的空间几何图形。这就是方解石的光率体[图 5-21(c)],它的光轴平行 C 轴。

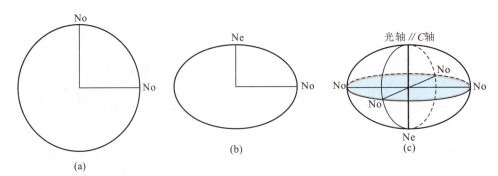

图 5-21 一轴晶负光性光率体的构成

所以一轴晶宝石光率体是一个以 C 轴为旋转轴的旋转椭球体,有正、负光性之分。无论是正光性或负光性,其旋转轴都是 Ne 轴,其水平轴为 No 轴。

一轴晶正光性的光率体,它的旋转轴为长轴,其光率体是沿 Ne(C 轴)方向拉长的旋转椭球体,主折射率关系为 Ne>No,可简写为一(+)。

一轴晶负光性的光率体,它的旋转轴为短轴,其光率体是沿 Ne(C 轴)方向压扁的旋转椭球体,主折射率关系为 Ne<No,可简写为一(-)。

3. 三种主要切面类型

以光轴为参照物,光波从三个方向入射,可有三种经过球心的切面(图 5-22)。下面以水晶为例,分别学习这三种切面的特点。

1) 垂直光轴(⊥C 轴)的切面

光率体切面为圆,其半径等于 No,光波垂直这种切面入射,即平行光轴入射时,入射光不发生双折射,其折射率等于 No[图 5-22(a)],双折射率为 0。一轴晶只有一个这样的圆切面。

2) 平行光轴(∥C 轴)的切面

光率体切面为椭圆,光波垂直这种切面入射,即垂直光轴入射时,入射光发生双折射,分解成两种偏光,分别对应着椭圆切面长、短半径上的两个主折射率 Ne 和 No[图 5-22(b)]。双折射率等于 Ne 和 No 之差,这是一轴晶宝石的最大双折射率,对于石英,长半径为 Ne,短半径为 No,即 Ne=1.553,No=1.544,DR=0.009。

3) 斜交光轴的切面

光率体切面为椭圆,光波垂直这种切面入射,入射光发生双折射,分解成两种偏光,其振动方向分别平行椭圆切面的长、短半径,相应的折射率分别为 Ne′和 No[图 5-22(c)]。双折射率为 Ne′和 No 之差,其大小介于上述

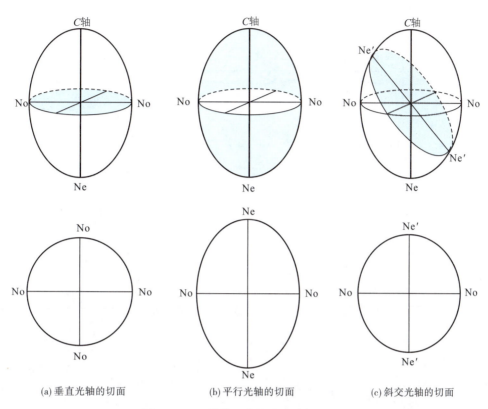

(a) 垂直光轴的切面　　　(b) 平行光轴的切面　　　(c) 斜交光轴的切面

图 5-22　一轴晶正光性的三种主要切面

注：一轴晶正光性 Ne＞Ne′＞No。

两个双折射率值之间。一轴晶任何斜交光轴切面中始终包含 No，正光性时，短半径为 No；负光性时，长半径为 No。

利用光率体，可以确定光波在晶体中的传播方向、振动方向及相应折射率值之间的关系。光波沿光轴方向进入晶体，垂直入射光的光率体切面为圆切面，不发生双折射，也不改变入射光的振动方向，其双折射率值等于零。

光波沿其他任何方向进入晶体，垂直入射光的光率体切面均为椭圆切面，其长、短半径方向分别代表入射光波发生双折射分解成的两种偏光的振动方向，半径长短分别代表两种偏光的折射率值。只有当光波沿垂直 C 轴的方向入射时，椭圆切面的长半径最长，此时长、短半径之差代表双折射率值。

一轴晶负光性的三种切面类型与一轴晶正光性的类似，如图 5-23 所示。

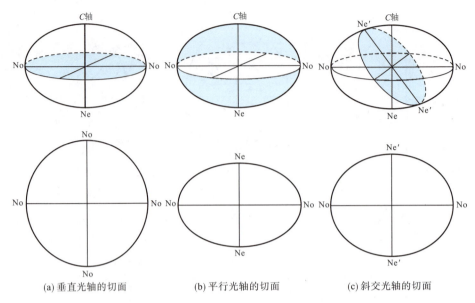

(a) 垂直光轴的切面　　(b) 平行光轴的切面　　(c) 斜交光轴的切面

图 5-23　一轴晶负光性的三种主要切面

注：一轴晶负光性 No＞Ne′＞Ne。

四、二轴晶宝石光率体

低级晶族包括斜方、单斜、三斜晶系，都属于二轴晶。这类宝石晶体的 3 个结晶轴轴长不相等（$a \neq b \neq c$）。这类宝石都具有大、中、小 3 个主折射率值（分别以 Ng、Nm、Np 表示），它们分别与互相垂直的 3 个振动方向相对应。双折射率值 DR＝Ng－Np。

二轴晶光率体（图 5-24）有 3 个互相垂直的主轴面，即 Ng－Np 面，Ng－Nm 面，Nm－Np 面。有两个光轴方向（以符号 OA 表示），故称为二轴

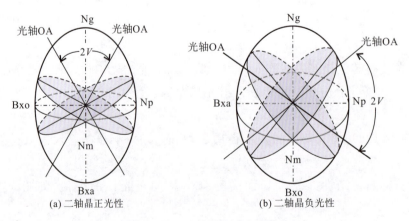

(a) 二轴晶正光性　　　　(b) 二轴晶负光性

图 5-24　二轴晶宝石光率体

晶。包含两个光轴的面称为光轴面，光轴面与 Ng-Np 面一致。两光轴之间所夹的锐角称光轴角，以符号 2V 表示。两个光轴之间的锐角等分线以符号 Bxa 表示，钝角等分线以符号 Bxo 表示。

根据 Ng、Nm、Np 值的相对大小，可以确定二轴晶光率体的光性符号，当 Bxa 是 Ng 轴时[图 5-24(a)]，即 Ng－Nm＞Nm－Np，为正光性；当 Bxa 是 Np 轴时[图 5-24(b)]，即 Ng－Nm＜Nm－Np，为负光性。

1. 以斜方晶系橄榄石为例学习二轴晶正光性光率体

如图 5-25(a)所示，入射光 1 沿橄榄石的 Nm 轴方向进入晶体时，发生双折射，分解成两种偏光：其中一偏光的振动方向平行于 Ng 轴，测得折射率值为 1.690；另一偏光的振动方向平行于 Np 轴，测得折射率值为 1.654。以这两条线段为长、短半径可作出垂直入射光(即垂直 Nm 轴)的椭圆切面[图 5-25(b)]。

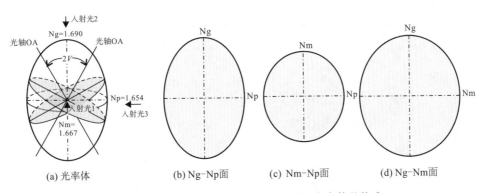

图 5-25　二轴晶正光性(以橄榄石为例)光率体的构成

如图 5-25(a)所示，入射光 2 沿橄榄石的 Ng 轴方向进入晶体时，发生双折射，分解成两种偏光：其中一种偏光的振动方向平行于 Np 轴，测得折射率值为 1.654；另一种偏光的振动方向平行于 Nm 轴，测得折射率值为 1.667。以这两条线段为长、短半径可作出垂直入射光(即垂直 Ng 轴)的椭圆切面[图 5-25(c)]。

如图 5-25(a)所示，入射光 3 沿橄榄石的 Np 轴方向进入晶体时，发生双折射，分解成两种偏光：其中一种偏光的振动方向平行于 Ng 轴，测得折射率值为 1.690；另一种偏光的振动方向平行于 Nm 轴，测得折射率值为 1.667。以这两条线段为长、短半径作出垂直入射光(即垂直 Np 轴)的椭圆切面[图 5-25(d)]。

2. 二轴晶光率体的主切面

(1)垂直光轴的切面为圆切面，半径为 Nm，垂直圆切面入射的光不发生双折射,圆切面内任何振动方向上的折射率均等于 Nm,双折射率为 0 (图 5-26)。

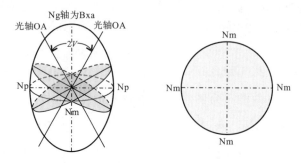

图 5-26 二轴晶(+)光率体及垂直光轴的切面

(2)平行光轴面(即垂直 Nm 主轴)的切面为椭圆,即 Ng-Np 主轴面,其长半径为 Ng,短半径为 Np。光线沿主轴 Nm 入射,产生双折射,双折射率等于 Ng-Np,为最大双折射率(图 5-27)。

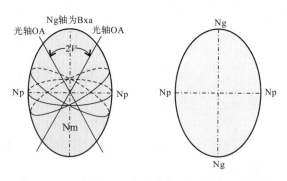

图 5-27 二轴晶(+)光率体及平行光轴面的切面

(3)垂直 Bxa 的切面为椭圆切面,有两种情况:当该晶体为二轴晶正光性时,该面相当于 Nm-Np 主轴面,其长、短半径分别为 Nm 和 Np[图 5-28(a)];当该晶体为二轴晶负光性时,该面相当于 Ng-Nm 主轴面,其长、短半径分别为 Ng 和 Nm[图 5-28(b)]。光波垂直这种切面入射(即沿 Bxa 方向入射),发生双折射,分解成两种偏光。其振动方向必定分别平行于椭圆切面长、短半径 Nm 和 Np 或 Ng 和 Nm,相应的折射率值分别等于 Nm、Np 或 Ng、Nm 值。双折射率等于 Nm、Np 的差值或 Ng、Nm 的差值,其大小介于 0 与最大双折射率之间。

(4)垂直 Bxo 的切面为椭圆切面,有两种情况:当晶体为二轴晶正光性时,该面相当于 Ng-Nm 主轴面,其长、短半径分别为 Ng 和 Nm;当晶体为二轴晶负光性时,该面相当于 Nm-Np 主轴面,其长、短半径分别为 Nm 和 Np。光波垂直这种切面入射(即沿 Bxo 方向入射),发生双折射,分解形成两种偏光。其振动方向必定分别平行于椭圆切面长、短半径 Ng 和 Nm 或 Nm 和 Np,相应的折射率值分别等于 Ng 和 Nm 或 Nm 和 Np 值。双折射率等于 Ng、Nm 的差值或 Nm、Np 的差值,其大小介于 0 与最大双折射率之间。

无论是正光性还是负光性,垂直 Bxa 切面的双折射率总是小于垂直 Bxo 切面的双折射率。

(5)斜交切面。既不垂直光轴,也不垂直主轴的切面属于斜交切面。这种切面有无数个,它们都是椭圆切面,椭圆长、短半径分别以 Ng′、Np′表示,Ng′变化于 Ng 和 Nm 之间,Np′变化于 Nm 和 Np 之间,故 Ng>Ng′>Np′>Np。同时斜交切面也不是主轴面。

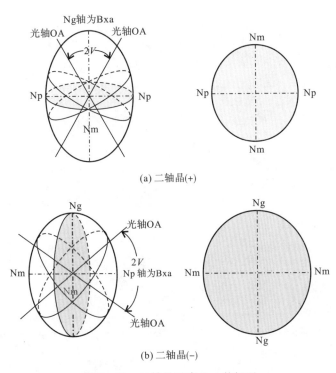

(a) 二轴晶(+)

(b) 二轴晶(-)

图 5-28 二轴晶垂直 Bxa 的切面

五、小结

表 5-2 介绍了三种光率体及其特征。

表 5-2 三种光率体及其特征汇总表

光率体类型	光率体形态	光轴数目	主折射率半径	最大双折射率	光性	晶系及代表性矿物
均质体光率体	圆球体	/	N	0	/	等轴晶系,石榴石
一轴晶光率体	旋转椭球体	1个	Ne＞No Ne＜No	Ne－No No－Ne	(＋) (－)	三方晶系,方解石 四方晶系,锆石 六方晶系,磷灰石
二轴晶光率体	三轴不等长的椭球体	2个	Bxa 为 Ng 轴 Bxa 为 Np 轴	Ng－Np	二(＋) 二(－)	斜方晶系:橄榄石 单斜晶系:普通辉石 三斜晶系:斜长石

习 题

一、名词解释

1. 可见光

2. 自然光

3. 偏振光

4. 光密度

5. 干涉

6. 衍射

7. 光率体

二、判断题

1. 光具有波粒二象性。　　　　　　　　　　　　　　　　　　　　(　)

2. 光波是一种横波,因为它的振动方向平行于传播方向。　　　　　(　)

3. 自然光通过折射和反射可以转变成偏振光。　　　　　　　　　　(　)

4. 自然光通过非均质宝石后分解成振动方向互相垂直的两种偏振光。
　　　　　　　　　　　　　　　　　　　　　　　　　　　　　　(　)

5. 光从光疏介质进入光密介质必然是折射角小于入射角。　　　　　(　)

6. 利用合成立方氧化锆作半球的折射仪可以测定钻石的折射率。
　　　　　　　　　　　　　　　　　　　　　　　　　　　　　　(　)

7. 光波在宝石中的传播速度比在空气中快。　　　　　　　　　　　(　)

8. 均质体宝石一定是晶体。 (   )

9. 均质体宝石的光率体是一个圆球,所以过球心的不同切面是大小不同的圆。 (   )

10. 非均质体宝石一定是晶体。 (   )

11. 一轴晶宝石的 No 一定小于 Ne。 (   )

12. 非均质体宝石光率体过球心的切面中只有一个方向是圆切面。 (   )

13. 非均质体宝石光率体切面都是椭圆的。 (   )

三、选择题

1. 光的振动方向与传播方向(   )。
   A. 垂直　　　B. 平行　　　C. 斜交　　　D. 以上都不对

2. 可见光波长的范围应写为(   )。
   A. $700\sim400\text{Å}(1\text{Å}=0.1\text{nm})$　　B. $850\sim300\text{nm}$
   C. $700\sim400\text{nm}$　　D. $750\sim300\text{nm}$

3. 如果两个偏振片处在正交位置,(   )。
   A. 有最大量的光通过　　　B. 没有光通过
   C. 通过的光减少一半　　　D. 可见多色性

4. 临界角较小的宝石,光的内全反射范围(   )。
   A. 宽　　　B. 中等　　　C. 窄　　　D. 以上都不对

5. 一轴晶具有(   )。
   A. 一个平行于纵向结晶轴的光轴　B. 一个平行于横向结晶轴的光轴
   C. 光轴与 Y 轴平行　　　D. 光轴与 X 轴平行

6. 在一轴晶中 Ne 平行于晶体结晶轴的(   )。
   A. X 轴　　　B. Y 轴　　　C. Z 轴　　　D. U 轴

7. 在一个双折射的宝石中,沿光轴方向传播的光是(   )。
   A. 双折射的　　　B. 最大光密度方向
   C. 偏振光振动的方向　　　D. 单折射的

8. 二轴晶光率体的光轴面与圆切面为(   )。
   A. 平行　　　B. 斜交　　　C. 垂直　　　D. 以上都不对

四、问答题

1. 光在宝石中的作用有哪些?请举例说明。
2. 请作图解释全反射与临界角。
3. 请作图描述均质体与非均质体的特征。
4. 以水晶为例详细描述一轴晶光率体。

模块六　学习宝石的物理性质

任务及要求

❖ 熟练掌握宝石的颜色、光泽、透明、亮度、多色性、发光性、特殊光学效应等光学性质

❖ 重点掌握摩氏硬度的概念及宝石学意义

❖ 区别解理、裂理与断口

❖ 掌握静水称重法精确测宝石相对密度

❖ 了解宝石的热学、电学性质

任务一　掌握宝石的光学性质

宝石的光学特征是指宝石对光（主要指可见光）的吸收、反射和折射时所表现的各种性质。

一、颜色

1. 颜色的定义

颜色（color）是决定宝石价值高低最基本和首要的因素。可见光经物体选择性吸收后，其残余光的混合色就是该物体的颜色。

对宝石颜色的感觉取决于：①光源，②反射、散射及改变这种光的物体，③接受光的人的眼睛和解释它的大脑。

三个条件缺一不可，否则就无颜色。

2. 宝石的颜色及颜色的分类

人眼所观察到的宝石的颜色是宝石对自然光谱选择性吸收后的残余光的混合色（补色）。

如红宝石的色调为红色，是因为红宝石中杂质铬离子不同程度地选择性吸收了光源中黄绿光和蓝紫光，透射出的红光、橙光及部分蓝光的混合（未被吸收的残余能量的组合）。

3. 宝石颜色的表征方法

用来表征颜色的3个重要的物理量分别为：色调、明度、饱和度。

（1）色调（也称色相）。色调是颜色的主要标志量，是各颜色之间相互区别的重要参数。红色、橙色、黄色、绿色、青色、蓝色、紫色以及其他的一些混合色均是由色调的不同而加以区分的。色调是彩色宝石间相互区分的重要特性，如红色、绿色或蓝色等的属性。色调与残余光的波长有关，通常用主波长来表示。例如某宝石主波长为600nm，则该宝石显橙黄色。不同颜色的宝石色调不同，相同颜色的宝石，在色调上也会有差异。

（2）明度。明度是指宝石颜色的亮度，如彩色宝石颜色的明暗深浅。

（3）饱和度（也称彩度）。饱和度是指色彩的纯净程度或鲜艳度。饱和度越高，颜色越艳丽；饱和度越低，颜色越浑浊。在可见光谱中，各种单色光的饱和度最高。饱和度是宝石的鉴别特征，也为彩色宝石颜色分级提供了依据。

4. 宝石的呈色机理

1)致色元素致色

致色元素指宝石中含有的能对可见光进行选择性吸收的化学元素,主要指八种过渡族的元素:钛(Ti)、钒(V)、铬(Cr)、锰(Mn)、铁(Fe)、钴(Co)、镍(Ni)、铜(Cu)。根据致色元素的存在形式将这类宝石分为自色宝石和他色宝石。

(1)自色宝石。自色宝石的颜色是由作为宝石基本化学成分中的元素而引起的,如橄榄石中的 Fe。自色宝石的颜色非常稳定,颜色品种相对单一。其颜色只是有深浅、浓淡上的变化,而色调上不会有大的变化。我们往往通过颜色就能够识别这一类宝石(表 6-1)。

表 6-1 典型自色宝石及其特征

宝石图片	特 点
	橄榄石 $(Mg,Fe)_2SiO_4$ 由 Fe 致色,为特征的黄绿色,绿色中明显带有黄色调。玻璃光泽
	铁铝榴石 $Fe_3Al_2(SiO_4)_3$ 由 Fe 致色,橙红色至红色、紫红色至红紫色,Fe 含量越高,颜色越深。强玻璃光泽
	锰铝榴石 $Mn_3Al_2(SiO_4)_3$ 由 Mn 致色,橙色至橙红色,颜色中明显带有橙色调。亚金刚光泽

续表 6-1

颜 色	特 点
	孔雀石 $Cu_2CO_3(OH)_2$ Cu 致色，鲜艳的微蓝绿色至绿色，典型的平行条带或环带结构。丝绢光泽至玻璃光泽
	绿松石 $CuAl_6(PO_4)_4(OH)_8·5H_2O$ Cu 致色，特征的绿色、蓝绿色、天蓝色，常有不规则的黑色铁线。蜡状光泽

(2)他色宝石。他色宝石由宝石中所含微量元素而致色。他色宝石在十分纯净时呈无色，当含有不同微量元素可以产生不同的颜色。如尖晶石在纯净时为无色，含微量 Co 时呈蓝色，含微量 Fe 时呈褐色，含微量 Cr 时呈红色。同一种致色元素在不同宝石中可呈现不同的颜色，如 Cr 使红宝石呈红色，使祖母绿呈绿色。

自色宝石、他色宝石的颜色详见表 6-2。

2) 色心致色

色心作为晶格缺陷的一种，泛指宝石中能选择性吸收可见光能量并使宝石产生颜色的晶格缺陷。色心致色属典型的结构呈色。

(1)电子色心(F 心)。电子色心是由宝石晶体结构中阴离子空位引起的，它能捕获电子使宝石呈色，如萤石的紫色。

(2)空穴色心(V 心)。空穴色心是由晶体结构中阳离子缺位引起的，如紫晶、烟晶、蓝色托帕石等。

3) 物理呈色

物理呈色指宝石的颜色并非由宝石化学成分对可见光的选择性吸收引起的，而是由宝石特殊的结构、构造引起的，如色散、干涉、衍射所导致的颜色效应，也称为"结构性颜色"。它常常叠加在宝石因选择性吸收而呈现的颜色上，并非宝石真正的颜色，有时可以增添宝石的美丽。以下这些颜色都是宝石中的物理呈色。

表 6-2 自色宝石和他色宝石一览表

自色宝石			他色宝石		
致色元素	宝石	常见颜色	致色色素	宝石	常见颜色
Cr	钙铬榴石	绿色	Ti	蓝锥矿	蓝色
Mn	锰铝榴石	橙色	Fe、Ti	蓝宝石	蓝色
Mn	菱锰矿	粉红色	V	绿色绿柱石	绿色
Mn	蔷薇辉石	粉红色	Cr	红色尖晶石	红色
Fe	橄榄石	黄绿色	Cr	红宝石	红色
Fe	铁铝榴石	红色	Cr	祖母绿	绿色
Cu	绿松石	天蓝色	Cr	变石	红色、绿色
Cu	孔雀石	绿色	Cr	翡翠	绿色
Cu	硅孔雀石	蓝绿色	Mn	红色绿柱石	粉红色
注:Cu在他色宝石中极少作为致色元素出现			Fe	海蓝宝石	蓝色
			Fe	电气石	绿色和褐色
			Fe	蓝色尖晶石	蓝色
			Co	合成蓝色尖晶石	蓝色
			Ni	绿玉髓	绿色

欧泊:变彩效应,由结构对光的干涉、衍射而产生的色斑。

拉长石、月光石:由衍射作用产生的晕彩。

日光石、东陵石:由包裹体对光的反射产生的带颜色的片状闪光。

钻石:因色散值高,无色钻石产生的五颜六色的火彩。

二、光泽

光泽(luster)是指宝石表面反光的能力和特征。它主要与宝石的折射率、反光率有关,但也与宝石内部颗粒集合方式(主要指多晶质集合体)、表面平整程度以及抛光质量和硬度有关。

1. 光泽级别

通常按折射率大小将宝石分为 4 个级别(表 6-3)。

表 6-3 折射率与光泽的关系

折射率	光泽	宝石
大于 3.0	金属光泽	黄铁矿
2.6~3.0	半金属光泽	赤铁矿
1.9~2.6	金刚光泽	钻石、锆石（亚金刚光泽）
1.3~1.9	玻璃光泽	绝大多数宝石

2. 特殊光泽

(1) 油脂光泽：在一些颜色较浅，具有玻璃光泽或金刚光泽的宝石的不平坦断面上或集合体颗粒表面所见到的类似油脂状的反光。如钻石抛光后为金刚光泽，而有些钻石原石的表面具有油脂光泽。水晶原石晶面为玻璃光泽，断口可为油脂光泽，集合体的石英岩断口也为油脂光泽。

(2) 蜡状光泽：在一些半透明或不透明、低硬度的隐晶质或非晶质致密块状集合体表面，由于反射面不平坦产生的比油脂光泽暗些、类似于石蜡表面的反光，如块状叶蜡石、绿松石等。

(3) 珍珠光泽：在珍珠的表面或一些解理发育的浅色透明宝石表面，所见到的柔和多彩的光泽，如珍珠。有些宝石内部近表面的初始解理会使表面产生横跨解理面的珍珠光泽。

(4) 丝绢光泽：一些原本具有玻璃光泽或金刚光泽的宝石，当它们以纤维状集合体的形式出现时表面可见到的绸缎状的光泽，如虎睛石、孔雀石等。

(5) 树脂光泽：在琥珀等有机宝石的断面上可以见到的类似于松香等树脂所呈现的光泽。但当琥珀抛光程度较好时，表面光泽可近似玻璃光泽。

(6) 土状光泽：呈粉末状或土状集合体的宝石表面因对光的漫反射或散射而呈现暗淡的光泽，如风化程度较高的劣质绿松石。

3. 光泽在宝石鉴定中的应用

光泽是宝石的重要性质之一，在宝石的肉眼鉴定中，光泽可以提供一些重要的信息。经验丰富的鉴定人员，可以凭借光泽的特征可区分部分仿制品或对不同的宝石品种进行初步的鉴别。如有一批混装的宝石裸石，其中主要的品种有尖晶石、锆石、石榴石，有经验者可以凭借锆石的亚金刚光泽而将锆石初选出来。此外，还可以利用宝石放大镜来观察宝石的断面以鉴别宝石品种。玉髓、软玉等的断面多具有油脂光泽，而绿柱石等单晶宝石的断面则多具有玻璃光泽。光泽在宝石鉴定中的另一个应用是鉴别拼合石：用宝石放大镜观察拼合石，不同部位往往显示不同的光泽。例如在以玻璃为底、石榴石为顶的拼合石中，由于石榴石的折射率较高，因而表现出异于底部的强玻璃光泽。上、下部分光泽的差异足以引起鉴定者的警惕。

虽然光泽可以作为宝石鉴定的依据之一，但还需要配合其他手段才能准确地用于鉴定宝石。因为光泽除受宝石自身因素影响之外，还会受到抛光程度等的影响。如金刚光泽在宝石中是一种很强的光泽，但如果将一块抛光不良的钻石与一块抛光十分好的锆石放在一起，在近距离的明亮光线下观察，单凭光泽，即使是内行人也很难区分它们。

三、透明度

透明度（transparency）是宝石透光强弱的具体表现。它与吸收性有关：吸收性强，透明度弱；吸收性弱，透明度强。

（1）透明。隔着宝石观察后面的物体时，能清晰地看到物体，如钻石、水晶等能允许绝大部分的可见光透过宝石。

（2）亚透明。当隔着宝石观察时，虽然能看到后面物体的轮廓，但无法看清其细节，如红宝石。

（3）半透明。当隔着宝石（厚度适中）观察后面的物体时，能模糊地看到物体的轮廓，如玛瑙、芙蓉石等能允许部分光透过。

（4）微透明。当隔着宝石（厚度适中）观察时，宝石能透光，但看不清后面的物体，如软玉、独山玉、岫玉等。

（5）不透明。宝石基本上不透光，如青金岩、绿松石、珊瑚等。

对于翡翠，市场上通常用"水"表示翡翠的透明度（图 6-1），水头好即透明度好。透明度好使绿色的翡翠看起来青翠欲滴、灵气逼人。翡翠透明度可以用"几分水"表示："一分水"指厚 3mm 的翡翠是透明的；"二分水"指厚 6mm 的翡翠是半透明的。"二分水"的翡翠就是很好的玻璃种了。要特别注意的是观察透明度时，光的强弱和翡翠厚度的变化对其影响较大。

图 6-1　不同透明度的翡翠

四、亮度

亮度(luminance)是指光从刻面型宝石的亭部小面反射出来的光和表面反射光的明亮程度。它是由从亭部刻面全反射的光和从冠部表面反射的光共同形成的。宝石的亮度与宝石的反射能力有关,也与宝石的透明度有关。

当刻面型宝石比例适当时,从顶部进入宝石的入射光,经过多次全反射能再次从冠部射出,从而使宝石亮度增加。相比之下,琢型比例不当会产生"漏光"现象,即入射光在亭部刻面发生折射,光线从亭部刻面漏走,宝石内部给人以呆板且有暗域的感觉。

如图 6-2(a)所示,钻石折射率值高达 2.417,正确的加工比例可以使钻石不漏光,而显得格外明亮。但假如以钻石琢型的比例来切磨低折射率的宝石(如普通玻璃 RI=1.54),会因为临界角较大而漏光[图 6-2(b)],导致亮度明显变差。

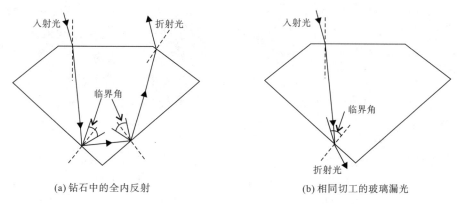

图 6-2 相同切工比例的钻石与玻璃亮度不同

五、色散

色散(dispersion)指复色光分解为单色光而形成光谱的现象。色散值是反映材料色散强度(即火彩强弱)的物理量。

火彩(fire)是指当白光照射到透明刻面宝石时,因色散而使宝石呈现光谱色闪烁的现象。

刻面型宝石的色散作用使进入宝石的白光分解,形成五颜六色的闪光(图 6-3)。入射光在宝石中的折射率随其频率的减小(波长的增大)而减小,而折射率越小则折射角相对较大。所以我们可以看到图 6-3(a)中,白光在经过棱镜后从上到下分解成红、橙、黄、绿、蓝、紫等系列光谱色。影响色散强弱和明显程度的因素有如下几个。

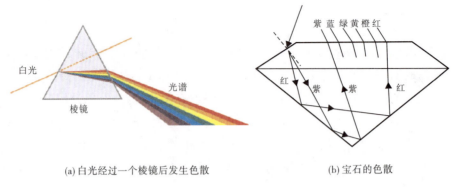

(a) 白光经过一个棱镜后发生色散　　(b) 宝石的色散

图 6-3　光线在宝石中的色散

1. 色散值

理论上材料的色散值等于它在红光(波长 686.7nm)中的折射率与在紫光(波长 430.8nm)中的折射率之间差值,差值越大,色散值越大,则火彩越强。如钻石色散值为 0.044,是高色散宝石,若按理想比例加工成标准圆钻型,在冠部小面可见闪烁的橙黄色、蓝色等颜色的火彩。按照色散值高低,将宝石划分为高色散宝石、中色散宝石、低色散宝石三种类型。高色散宝石可以具有较好的火彩,这也是鉴别特征之一。绝大多数宝石的色散值都比较低,为低色散宝石,高色散宝石较少。因此,火彩较好的天然宝石极为稀少,这也成为影响其价值的一个很重要的指标。

2. 切工

宝石的火彩还取决于切工,尤其是冠部倾斜刻面的角度和大小。正确的切工才能最大限度地展示宝石的火彩。

3. 体色

明显的体色,会掩盖宝石的火彩而使火彩大为减弱,所以,只有在无色或者体色很浅的具有高色散值的宝石上才可见明显的火彩,例如无色钻石。

六、各向同性与各向异性

1. 各向同性宝石

等轴晶系和非晶质宝石,在任意方向上均表现出相同的光性特征(各向同性),只有一个折射率值,又叫单折射宝石。

特定频率的光在均质体宝石中传播时,其传播速度不因光振动方向的不同而发生改变,折射率值也不因光振动方向的不同而发生改变,即均质体宝石只有一个折射率。自然光进入均质体后,仍为自然光;偏光进入均质体后仍为偏光,而且振动方向基本不变。

若透明材料在正交偏光片间无论取向如何都是很暗的,那么它是各向同性的。

等轴晶系的宝石有钻石、尖晶石、石榴石族及合成立方氧化锆、钇铝榴石(YAG)、钇镓榴石(GGG)等;非晶质宝石有欧泊、琥珀、玻璃、塑料等。

2. 各向异性宝石

非均质体宝石,即三方、四方、六方、斜方、单斜、三斜晶系的宝石,在不同方向上表现出不同的光性特征(各向异性)。光线通过这类宝石时,除光轴方向外,入射光线将分解为两种传播方向不同、振动方向互相垂直的偏光,不同偏光的传播速度不同,则对应两个不同的折射率值,两个折射率之间的差值称为双折射率值。因此各向异性宝石又叫双折射宝石。

七、单折射和双折射

1. 单折射宝石

单折射宝石即各向同性宝石。有些单折射宝石会有异常双折射。

异常双折射是指等轴晶系和非晶质宝石常常在正交偏光下出现波状消光现象,旋转宝石360°会出现明暗相间条纹或斑点、黑十字、弯曲黑带,这些现象是由宝石内部应变引起的。

显示异常双折射的有色透明宝石不具有多色性。

2. 双折射宝石

双折射宝石即各向异性宝石。

双折射率(DR)用最大折射率值(RI_{max})和最小折射率值(RI_{min})的差值来表示。

以冰洲石为例:$DR = RI_{max} - RI_{min} = 1.658 - 1.486 = 0.172$。

如图6-4所示,自然光进入冰洲石(非光轴方向),发生双折射,分解成振动方向互相垂直、传播速度不等的两种偏光。

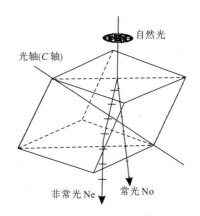

图6-4 冰洲石的双折射率特征

其中一种偏光无论入射光方向如何改变,振动方向总是垂直于冰洲石的C轴,相应的折射率值也始终保持不变,这种偏光称为常光,常光对应的折射率为No。在冰洲石中,No=1.658。另一种偏光的振动方向平行于C轴与光的传播方向构成的平面,同时与光传播方向和常光振动方向垂直,其传播速度和相应的折射率值随着入射光方向的改变而改变。这种偏光称为非常光,相对应的折射率为 Ne。冰洲石的 Ne 为 1.486。

双折射宝石包括一轴晶宝石和二轴晶宝石。

八、多色性

多色性是描述在某些双折射彩色透明宝石中看到的不同方向性颜色的通用术语,它包括二色性和三色性。光进入非均质体宝石中(非光轴方向)分解成两种传播速度不同的偏光,宝石对这两种光的选择性吸收程度也有差异,因而形成不同方向上颜色不同的现象。

一轴晶宝石可有两个方向性颜色,称为二色性;二轴晶宝石可以有三个方向性颜色,称为三色性。只有二轴晶宝石才能出现三色性,但二轴晶也能出现二色性。因此当在宝石内部观察到二色性时仅可以判断这个宝石为非均质体,而只有观察到三色性时才能确定这个宝石为二轴晶。

根据观察到的多色性颜色的差异,我们将多色性分为强(明显)、中、弱、无 4 个等级,还应客观地描述出多色性所包含的两种或三种颜色。如图 6-5 所示,多色性应描述为:强,紫色/浅紫色。这里需要注意的是,在描述宝石多色性时,其中某一个颜色的主色调一定要与肉眼观察的宝石体色的主色调一致。例如肉眼观察时紫水晶的主色调为紫色,那么多色性中应至少有一个方向性颜色为紫色,而不能描述为其他颜色。

图 6-5 紫水晶的多色性

多色性在宝石学中的应用:①明显的多色性,有利于鉴定宝石品种;②有多色性的宝石,必为双折射宝石;③具有多色性的宝石在加工时必须正确取向,如加工红、蓝宝石时,应使台面垂直于晶体 C 轴(光轴)方向,只有这样才能展示宝石最好的颜色。图 6-6 中的红宝石的常光 No 方向为红色,非常光 Ne 方向为橙红色。为了使红宝石呈纯正的红色而不带橙色调,那么在切磨的时候,应该使红宝石的台面垂直于 C 轴方向。这一点同学们可以尝试证明。

九、发光性

发光性(luminescence)是指一些宝石能在激发光源(如 X 射线或紫外线)照射下发出可见光的现象。

(1)荧光。宝石在受外界能量激发时发光,撤除激发源后立即停止发光,这种现象称为荧光。图 6-7 为一套天然钻石饰品在自然光下和紫外灯下的现象,可以看到天然钻石显示强度不同、颜色不一的荧光。而钻石仿制品通常会显示强度一致、颜色一致的荧光。在一定程度上观察紫外荧光可以作为鉴别天然钻石的辅助手段之一。根据所观察到的现象,我们将荧光的强度分为强、中、弱、无4 个等级。应客观地记录荧光的强度及颜色,如某钻石荧光记为:强,绿色。

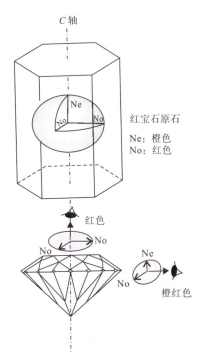

图 6-6 红宝石加工的定向

(2)磷光。宝石在受外界能量激发时发光,撤除激发源后仍能继续发光的现象称为磷光。

图 6-7 自然光下(左)与紫外灯下(右)的钻石项链和耳环

十、特殊光学效应

1. 猫眼效应(chatoyancy)

在平行光照射下,有些弧面型宝石的表面会出现一条亮带,这条亮带会随着宝石或光线的移动而移动,这种现象称为猫眼效应。它是由平行定向的针管状包体对光的反射造成的。

形成猫眼效应的条件(图 6-8):①宝石内部有一组平行排列的密集的针管状包体,这些包体可以是针状矿物、管状矿物、细长片状矿物等;②弧面型宝石的底面平行于包体的方向;③弧面型宝石的长轴方向垂直于包体方向;④弧面型的高度合适。

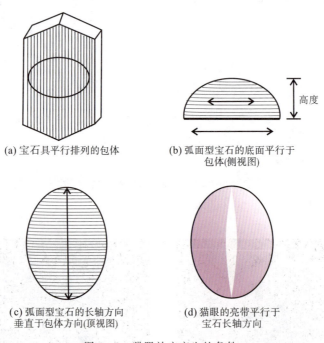

(a) 宝石具平行排列的包体　　(b) 弧面型宝石的底面平行于包体(侧视图)

(c) 弧面型宝石的长轴方向垂直于包体方向(顶视图)　　(d) 猫眼的亮带平行于宝石长轴方向

图 6-8 猫眼效应产生的条件

具有猫眼效应的宝石有金绿宝石、碧玺、绿柱石、水晶、磷灰石、方柱石、红柱石等,其中金绿宝石猫眼效果最佳,因此只有具有猫眼效应的金绿宝石,可直接称为猫眼。其他具有产生猫眼效应的宝石则不行,如磷灰石、碧玺应描述成磷灰石猫眼、碧玺猫眼。

2. 星光效应(asterism)

在平行光照射下,某些弧面型的宝石表面会出现两条或两条以上的交叉亮线,这种现象称为星光效应。有些宝石表面有 4 射星线或 6 射星线,极个别有 12 射星线,分别称为四射、六射、十二射星光。星光效应是由多组定向排列的针管状包体对光的反射引起的。一些具有星光效应的天然宝石的星线交会处会有一团明亮的光斑,我们称之为宝光。

如图 6-9 所示,红宝石三组平行排列的包体在垂直 C 轴的方向上,彼此以 120°相交。当宝石切磨成弧面型且与其底面平行于这三组包体所在的平面时,宝石表面会显示出六射星光。

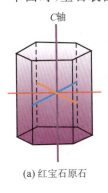 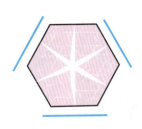 

(a) 红宝石原石　　(b) 晶体内三组平行排列的丝状包体　　(c) 弧面型宝石表面形成的亮带

图 6-9　星光效应

星光效应的形成条件:①宝石内部至少有两组定向排列的密集的针管状包体;②弧面型宝石底面平行于包体所在平面;③弧面型的高度合适。

具有星光效应的宝石有红宝石、蓝宝石、铁铝榴石、尖晶石、透辉石(图 6-10)、芙蓉石等。图 6-11 中可以明显地看到两组平行排列的丝状包体。

图 6-10　透辉石的四射星光　　图 6-11　透辉石中两组平行排列的丝状包体

星光效应可用于鉴定宝石,如天然星光红宝石的星线发散,发自深部,有宝光;合成星光红宝石星线细,浮于表面,无宝光。

3. 晕彩效应(iridescence)

宝石中的某些特殊结构会对光产生干涉或衍射作用,致使某些光减弱或消失,某些光加强,而在宝石表面或内部产生光谱色的现象称为晕彩效应,如拉长石(图6-12)。

图6-12 拉长石的晕彩效应

光泽与晕彩有时易混淆,它们的区别详见表6-4。

表6-4 光泽与晕彩的对比

名称	光泽	晕彩
类型	光学性质,所有宝石都有	特殊光学效应,只有部分宝石有
特点	是宝石表面反光的能力和特征,在抛光程度相同的情况下,取决于折射率	是由宝石内部特殊结构对光的干涉或衍射作用引起的,取决于宝石的结构

4. 变彩效应(play of colour)

变彩效应指光从宝石内部某些特殊的结构反射出时,由于干涉或衍射作用而产生的颜色随观察方向不同而变化的现象,如欧泊。

在欧泊中,近于等大的二氧化硅小球之间的空隙形成了三维立体光栅(图6-13)。二氧化硅球体的直径在150~400nm之间。

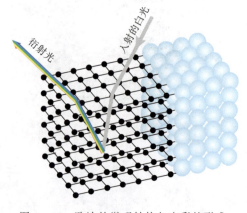

图6-13 欧泊的微观结构与变彩的形成

当白光穿过三维结构时将发生干涉、衍射，因而入射光入射角不同或转动宝石时就会产生变彩效应。不同欧泊中球体的大小不同，所产生的变彩效应颜色范围也不同，球体直径较大时，形成七色色斑；球体稍小时，形成紫色至绿色的色斑；球体更小时，产生紫色、蓝色色斑；球体太大或太小，则不能形成变彩效应。

5. 砂金效应（aventurescence）

宝石内部片状包体对光的反射而形成的闪闪发光的现象称为砂金效应。具有砂金效应的宝石有：含大量的橙色赤铁矿小薄片的日光石；含大量绿色铬云母片的石英岩玉；含有铜片的玻璃，也称"砂金石""砂金玻璃"，颜色有黄褐色、深蓝色。

6. 变色效应（color change effect）

在不同光源（常为日光灯和白炽灯）下，宝石颜色明显变化的现象，称为变色效应。宝石的体色是它对光选择性吸收的结果。在不同光源下，入射光的改变，致使有些宝石呈现不同的颜色。

例如：变石是金绿宝石的一个亚种，在日光灯下呈绿色，白炽灯下呈红色。这是由变石所含的过渡族元素 Cr 引起的。Cr 元素使红宝石呈红色，使祖母绿呈绿色，而在变石中使红光和绿光透过的量几乎一样，因此变石的颜色取决于所观察的光源。变石在绿光充足的日光灯下呈现绿色，在红光充足的白炽灯下呈现红色。

变色效应产生的必备条件：宝石的可见光吸收光谱中存在着两个明显相间分布的色光透过带，而其余光均被较强吸收，透射光的波长与透射强度成正比。

有些合成宝石，如合成变石和合成刚玉仿变石等也可以有变色效应。合成刚玉仿变石在日光灯下呈灰蓝色，白炽灯下呈紫红色，它是由过渡族元素 V(+Cr) 致色的。

只有具变色效应的金绿宝石才能称为变石，其他具变色效应的宝石则不行，如刚玉、石榴石、尖晶石只能称为变色刚玉、变色石榴石或变色尖晶石。

7. 小结

猫眼效应、星光效应和砂金效应的形成均与包体有关，这三种特殊光学效应异同点见表 6-5。

晕彩效应、变彩效应和变色效应这三种特殊光学效应的异同点见表 6-6。

表 6-5 猫眼效应、星光效应和砂金效应对比

名称		猫眼效应	星光效应	砂金效应
相同点	特点	特殊光学效应	特殊光学效应	特殊光学效应
	加工	加工成弧面型	加工成弧面型	加工成弧面型
不同点	包体	一组平行排列针管状包体	多组平行排列的针管状包体	大量的片状包体
	亮带	因反射作用而产生一条随着光线移动的亮带	因反射作用而产生多条随着光线移动的亮带,常见四射或六射星光	因反射作用而出现片状闪光
	举例	金绿宝石、碧玺、绿柱石、石英	红宝石、蓝宝石、铁铝榴石、尖晶石、芙蓉石	日光石、黑曜岩、砂金玻璃

表 6-6 晕彩效应、变彩效应和变色效应对比

名称		晕彩效应	变彩效应	变色效应
相同点		特殊光学效应	特殊光学效应	特殊光学效应
不同点	主要影响因素	光的干涉、衍射	光的干涉、衍射	宝石对光的选择性吸收,颜色的平衡
	成因	长石中出溶的钾钠互层	二氧化硅小球形成的三维立体光栅	过渡族元素致色
	举例	拉长石、月光石	欧泊	金绿宝石、合成刚玉仿变石、变色石榴石

任务二 学习宝石的力学性质

一、硬度

宝石抵抗外来压入、刻划或研磨等机械作用的能力称为宝石的硬度。宝石的硬度与其晶体结构、化学键、化学成分等有关。

1. 摩氏硬度

宝石的硬度可分为绝对硬度和相对硬度(或比较硬度)。绝对硬度是利用硬度仪在标准条件下测定的。常用的相对硬度是宝石与规定的标准矿物比对得出的相对刻画硬度,在鉴定宝石中更有意义,常用摩氏硬度(H)来表示相对硬度。摩氏硬度是由德国矿物学家腓特烈·摩斯(Friedrich Mohs)在1822年提出的,他根据十种标准矿物的相对硬度将摩氏硬度分为10个级别(图6-14)。

滑石(H=1)　石膏(H=2)　方解石(H=3)　萤石(H=4)　磷灰石(H=5)

正长石(H=6)　石英(H=7)　黄玉(H=8)　刚玉(H=9)　金刚石(H=10)

图6-14　摩氏硬度计中的标准矿物

在摩氏硬度中,金刚石最硬($H=10$),滑石最软($H=1$)。另外,在摩氏硬度计中,10个标准矿物之间绝对硬度的差值并不相等。例如,硬度为10的金刚石和硬度为9的刚玉之间绝对硬度的差值,实际上远远大于刚玉与滑石($H=1$)之间绝对硬度的差值。使用摩氏硬度计的时候,如果一个未知矿物能够刻画正长石($H=6$),同时又能被石英($H=7$)所刻动,这个未知矿物的摩氏硬度就介于6和7之间,可记为6.5。在宝石学中,硬度一般指摩氏硬度。

2. 硬度差异

对某种宝石来说,硬度基本是固定不变的,可作为鉴定它的依据。但需要指出的是,某些晶体在不同结晶方向上硬度有不同程度的变化,即有差异硬度,这种差异硬度是由晶体结构中原子键合面和键合方向的规则排列所致。翡翠的差异硬度导致表面产生橘皮效应。对于钻石,其平行于八面体面方向的硬度最大,平行于立方体面方向硬度最低。因此,钻石抛光粉可以抛磨钻石戒面。又如蓝晶石平行C轴方向上的硬度为4.5~5,而在垂直C

轴方向上为6.5~7。但是,硬度作为晶体的固有性质,尽管各个方向上可能存在硬度的差异,但这种差异是服从晶体对称性的,如钻石所有八面体面方向的硬度特征都是相同的,立方体面方向的硬度特征也是相同的。

3. 硬度在宝石学中的作用

(1)空气中灰尘的主要成分是石英,其硬度为7。所以硬度大于7的宝石才耐磨。反之,硬度小于7的宝石的抛光面,由于经常受到空气中灰尘的撞击磨蚀,表面会变"毛"而失去原有光泽,这是一些年久的镶宝(宝石硬度较低)首饰的肉眼鉴定特征之一。硬度低的宝石表面易出现划痕,如欧泊、岫玉、珍珠等,日常佩戴时要注意保养。而且硬度可帮助鉴定宝石。但需要注意的是硬度测试为损伤性测试,一般不用于琢磨好的宝石。

(2)宝石硬度为宝石加工提供了重要的基础。不同硬度的宝石选择不同的研磨和抛光材料,特别是差异硬度的存在,为钻石的琢磨提供了可能性。所以以前的工匠通常沿立方体面方向切割钻石。

二、解理

1. 定义

在外力作用下,晶体倾向于沿一定的结晶方向裂开形成光滑平面的性质,称为解理。这些光滑平面称为解理面(cleavage plane),解理面平行于面网之间化学键力最弱的方向。

按解理产生的难易程度将解理划分为5个等级,详见表6-7。

表6-7 解理的等级

解理等级	解理特点	解理面特点	实例
极完全解理	极易沿解理面分成薄片	解理面平整光滑	云母、石墨(没有宝石品种)
完全解理	很易裂成光滑的平面或小块,断口难出现	平滑的平面,可呈台阶状	钻石、托帕石、萤石、方解石
中等解理	可以裂成平面,断口较易出现	较平整闪光的平面	金绿宝石、长石
不完全解理	不易裂成平面,出现许多断口	不平整、不连续,带有油脂感	橄榄石、锆石、磷灰石
无解理	极少沿解理面分裂,肉眼一般看不到	无解理面,断口发育	水晶、碧玺、尖晶石

一个矿物可有一种级别的解理,也可有两种级别的解理;可有一组解理,也可有多组解理。解理面上通常因为干涉而呈现珍珠光泽。

2. 解理在宝石学中的应用

(1)对于某些解理较发育的宝石具有鉴定意义。例如,钻石的腰部才会有白色的"胡须",这是快速打磨腰棱时产生的初始解理;月光石内典型的蜈蚣状包体为两组初始解理;翡翠的翠性,俗称"苍蝇翅",是硬玉解理面的闪光造成的。

(2)在宝石的加工中,可以利用解理面劈开宝石或去掉原石中质量较差的部分。例如钻石具有八面体完全解理,加工师傅可借此将钻石劈开。

(3)对于解理较发育的宝石,在切磨它时,不能平行解理面抛光,要使台面与解理面保持5°以上的夹角,否则会产生粗糙不平的抛光面;此外,在加工过程中力度要适中。例如托帕石有平行于底面的完全解理,那么切磨时应使刻面与底面保持5°以上的夹角。

(4)尽管一些宝石的硬度很大,但由于解理发育,在受到外力时,极容易破裂,应避免碰撞和刻划。例如钻石不怕磨,但怕打击,很容易沿八面体解理方向破裂。

小 故 事

库里南钻石是目前世界上最大的钻石,英文名称Cullinan,1905年1月25日发现于南非的普列米尔矿山。重达3106ct(1ct=0.2g),体积约为5cm×6.5cm×10cm,相当于一个成年男子的拳头,带有淡蓝色调,纯净透明,品质极佳。同年4月,正值英国国王爱德华七世同意南非政府制定自己的宪法,因此库里南被南非政府作为66岁生日礼物献给爱德华七世,以表谢意。

1907年底,英国王室委托当时荷兰阿姆斯特丹极具盛名的约·阿斯查尔公司全权主理库里南原石的加工计划,加工费8万英镑。在正式加工前,工匠对它的原石进行了长达6个月的观察。由于原石不是一个完整的晶体,而且太大,所以加工难度大,须事先按计划劈成若干小块。劈开它是一件极其困难的工作,因为如果研究不够或技术欠佳,这块巨大的无价之宝就会碎成一堆价值较低的小碎片。劈钻工作由著名工匠约·阿斯查尔进行,他经过周密的设计,按它的大小和形状造了一个玻璃模型,并设计了一套工具。他先用这些工具对玻璃模型进行试验,结果模型按照预想的要求被劈开。经过几天的休息,1908年2月10日,他和助手来到专门的工作室中,库里南用一个大钳子紧紧钳住它,然后将一根特制的钢楔放在它预先磨出的表面凹槽中。约·阿斯查尔用一根沉重的棍子敲击钢楔,"啪"的一声,库里南纹丝不动,钢楔却断了。阿斯查尔脸上淌着冷汗,在那紧张得像要爆炸的气氛中,他放上了第二根钢楔,再使劲地敲击一下,这一次,库里南完全按照预定计划裂为两半,而阿斯查尔却昏倒在了地板上。

　　库里南被劈开后,由3个熟练的工匠,每天工作14小时,琢磨了8个月。一共磨成了9粒大钻石和96粒小钻石。这105粒钻石总质量为1 063.65ct,是库里南原质量的34.25%。由此可见,钻石在加工过程中损耗非常大。九大钻石中最大的一粒名叫"非洲之星Ⅰ号",也就是"库里南Ⅰ号",重530.20ct,呈水滴形,也是目前世界上最大的成品钻石,镶在英国国王的权杖上。第二大的叫作"库里南Ⅱ号",重317.40ct,垫形,现镶在英国国王的王冠上。

三、裂理

在外力作用下,晶体沿一定的结晶方向(双晶结合面或包体出溶面)破裂或裂开形成平坦的断面的性质,称为裂理(裂开)。裂开的平面称为裂理面,裂理面较平坦,但缺少珍珠光泽。红、蓝宝石常因聚片双晶发育而产生底面或菱面体裂理,如图6-15所示。

 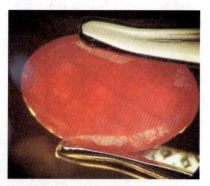

图6-15 红宝石的裂理

四、断口

断口是指宝石在外力作用下破裂形成的随机的不规则的破裂面。根据断裂面的特征,断口可分为贝壳状断口、锯齿状断口、平坦状断口、参差状断口、阶梯状断口等。例如玻璃破裂时,具有弯曲凹面或凸面,形态似贝壳,可描述为贝壳状断口。这种断口发育在非晶质宝石及解理不发育或极不发育的晶质宝石中,如天然玻璃、水晶、绿柱石等。锯齿状断口通常发育在韧性好,具纤维状结构的宝石中,如软玉。

非晶质宝石的断口相当典型,如玻璃的贝壳状断口具有鉴定意义。绿松石及玻璃仿制品都具有贝壳状断口,但前者光泽暗淡,后者为玻璃—油脂光泽。玻璃常用来仿玉髓,但玉髓断口为蜡状光泽。

断口和解理是互为消长的,解理越发育,断口越不发育,反之亦然。解理是晶体的方向性破裂特征,断口则在大多数宝石中都会出现。表6-8中将解理、裂理、断口进行了详细的对比。

表6-8 解理、裂理、断口对比

名称	解理	裂理	断口
定义	在外力作用下,晶体沿一定的结晶方向裂开成光滑平面的性质	晶体受力后沿一定结晶方向裂开的性质	宝石受外力作用随机产生的不规则的破裂面
方向	平行于晶面	沿聚片双晶结合面或内部包体出溶面	随机的不规则的破裂面
决定因素	由晶体结构决定	与双晶结合面或包体出溶面有关	任何材料都有断口
类型	底面、柱面、菱面体和八面体等	底面或菱面体裂理等	贝壳状断口、锯齿状断口、平坦状断口、参差状断口、阶梯状断口
特征	解理面平行于其晶体结构中的薄弱面,解理面上可有珍珠光泽	裂理面平坦,缺少珍珠光泽。可不服从宝石的对称性	非晶质宝石的断口相当典型,如玻璃的贝壳状断口特征具鉴定意义
存在性	可存在于某种宝石的每个个体,属于普遍现象	存在于某种宝石中的某些个体,属于个别现象	存在于任何材料中
关系	与断口互为消长,解理越发育,断口越不发育	不是固有性质,当晶体中存在双晶结合面或包体出溶面时才可能存在	与解理互为消长,断口越发育,解理越不发育

晶面和解理面、裂理面有时容易混淆,其识别的方法如下。

(1)解理面上无晶面条纹,且新鲜光亮;而晶面上有时可见晶面条纹,光泽较暗。

(2)晶体破碎后,在平行解理面方向上可出现连续的解理面;而在平行晶面方向上不一定出现与之平行的连续晶面。

解理面、晶面和裂理面对比详见表6-9。

表6-9 解理面、晶面和裂理面对比

名称	解理面	晶面	裂理面
平整度	晶体上平整的面	晶体上平整的面	晶体上较平整的面
特点	解理面上无晶面条纹,且新鲜光亮	晶面上有时可见晶面条纹,光泽通常比较暗	沿聚片双晶结合面或包体出溶面
存在性	晶体破碎后,在平行解理面方向上可出现连续的解理面	平行晶面方向上不一定出现与之平行的连续晶面	不是晶体的固有属性
实例	托帕石沿底面易形成完全解理	钻石的八面体面	部分红、蓝宝石沿菱面体方向发育裂理,平行底面方向产生裂理

五、韧性与脆性

韧性又称打击硬度,指宝石抵抗破碎的能力。宝石在受到外力时,很难破碎即为韧性好,易破碎则为脆性大。脆性大的宝石易破碎,内部易产生裂隙。宝石中韧性最好的是软玉。

值得一提的是钻石为世界上最硬的物质,但韧性不够好。锆石硬度为6.5~7.5,就是因为脆性很大,所以容易产生特有的"纸蚀现象"(图6-16),棱线处很容易磨损,甚至稍硬的包装纸也会使它产生严重破损。多晶集合体的韧性通常比较好,例如软玉、翡翠特别适用于雕琢各种别致的玉器工艺品。

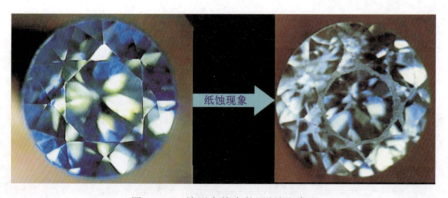

图6-16 锆石中特有的"纸蚀现象"

六、相对密度

相对密度是指在 4℃ 及标准大气压下,宝石的质量与等体积水的质量之比,用 SG 表示。测定宝石相对密度值的方法有静水称重法和重液法。

1. 静水称重法

静水称重法可精确测量宝石的相对密度。

(1) 阿基米德定律:当物品完全浸入液体中时,所受到的浮力等于所排开液体的重量(图 6-17)。

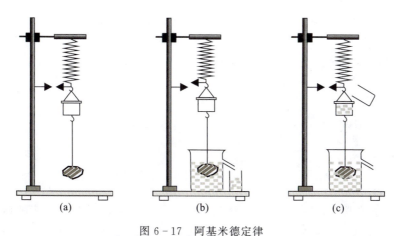

图 6-17 阿基米德定律

(2) 静水称重法的具体操作:先称出宝石在空气中的质量 A,再称出在水中的质量 W。

$$SG = A/(A-W)$$

如图 6-18 所示:红宝石 $SG = 1.6/(1.6-1.2) = 4$。

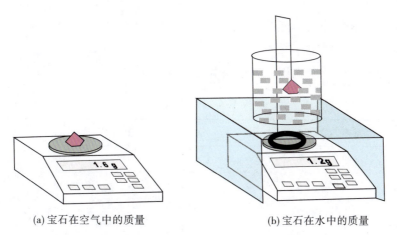

(a) 宝石在空气中的质量　　(b) 宝石在水中的质量

图 6-18 静水称重法测宝石相对密度

小 故 事

相传叙拉古赫农王让工匠帮他做了一顶纯金的王冠。在做好后,国王怀疑王冠并非纯金,但这顶金冠确实与当初交给金匠的纯金一样重。工匠到底有没有私吞黄金呢?既想检验真假,又不能破坏王冠,这个问题不仅难倒了国王,也使诸大臣面面相觑。经一大臣建议,国王请来阿基米德检验。最初,阿基米德也是冥思苦想,无计可施。一天,他在家洗澡,当他坐进澡盆里时,看到水往外溢,同时感到身体被轻轻托起。他突然悟到可以用测定固体在水中排水量的办法,来确定王冠是否为纯金。他兴奋地跳出澡盆,跑了出去。

经过了进一步的实验以后,他便来到王宫,把王冠和同等质量的纯金分别放在盛满水的两个盆里,比较溢出来的水量,发现放王冠的盆里溢出来的水比另一盆多。这就说明王冠的体积比相同质量的纯金的体积大,二者密度不相同,所以证明了工匠往王冠里掺进了其他金属。

这次实验的意义远大于查出工匠欺骗国王,阿基米德从中发现了浮力定律(阿基米德原理):物体在液体中所获得的浮力等于他所排开液体的重量。一直到现代,人们还在利用这个原理计算物体密度、测定船舶载重量等。

(3)静水称重法的优缺点和注意事项如下。①优点:能快速准确地测定宝石的相对密度,无复杂的计算,无毒、无害、无污染且经济便捷。②缺点:不能精确测定较小宝石(小于0.5ct)的相对密度。多孔的宝石也不适合用这种方法(若一定要用此方法,尽量减少它在水中的时间)。③注意事项:应多测几次取平均值;保证样品干净、无油污,可在水中加入少许洗涤剂以消除表面张力,同时使用小刷子刷去宝石表面气泡。

2. 重液法

重液法测定的是宝石的近似相对密度值。用这种方法能快速而方便地区分外观非常相似的宝石。

重液(表6-10)常用二碘甲烷和三溴甲烷来配制。

表6-10 重液

重液名称	SG	指示矿物
三溴甲烷(稀)	2.65	水晶
三溴甲烷	2.89	绿柱石
二碘甲烷(稀)	3.05	粉红色碧玺
二碘甲烷	3.32	翡翠

用重液法测宝石相对密度的步骤如下:将宝石擦拭干净,用干净的镊子夹住宝石放入重液里,轻轻松开,马上观测并记录宝石在液体中的运动情况;取出并擦干净宝石和镊子后,再按同样方法将宝石放入另一瓶重液中,观察并记录宝石在液体中的运动情况。如此便可测出宝石相对密度。测试过程中宝石可能会出现以下情况。

(1)在重液中漂浮,说明宝石 SG＜重液 SG。

(2)在重液中悬浮,说明宝石 SG＝重液 SG。

(3)在重液中下沉,说明宝石 SG＞重液 SG。

这种方法的优点是能够快速、方便地测定宝石的相对密度范围,尤其适用于较小宝石。缺点是一些重液属于危险品,而且挥发性极强,整个实验过程应在通风良好的实验室中完成,并且用完重液应马上盖好瓶盖。

任务三　了解宝石的其他物理性质

一、热电效应

热电效应,是指受热物体中的电子随着温度梯度由高温区向低温区移动时,产生电流或电荷堆积的一种现象。温度的变化可使某些宝石产生热电效应。如电气石具有明显的热电效应,在受热或冷却时,沿电气石两端产生数量相等、符号相反的电荷,同时具有静电吸尘现象。这可能是由于受到差异温度作用时,晶体产生膨胀或收缩,晶格中被热激发出电荷发生运移。

二、静电效应

静电并不是静止不动的电,而是在空间缓慢移动的电荷,或者说是一种状态相对稳定的电荷。其磁场效应比起电场的作用可以忽略不计。由于这种电荷和电场的存在而产生的一切现象称为静电现象。静电大部分是因接触、摩擦、分离而产生的。某些有机物,如琥珀、塑料等,当受到皮毛的反复摩擦时,各自产生数量相同、极性相反的电荷,可吸附起较轻的小纸片、羽毛和塑料薄膜等。

三、压电效应

当某些宝石受到外界压力时,两端会产生电荷,电荷量与压力成正比,这种现象称为压电效应。宝石在机械力作用下产生变形,会引起表面带电的现象,而且其表面电荷密度与压力成正比,这称为正压电效应。反之,在某些材料上施加电场,材料会产生机械变形,而且其应变与电场强度成正比,这称为逆压电效应。如果施加的是交变电场,材料将随着交变电场的频率做伸缩振动。施加的电场强度越强,振动的幅度越大。正压电效应和逆压电效应统称为压电效应。

净度较高的水晶受到压力时会产生电荷;相反,当受到电压作用时,又会产生频率很高的振动。压力不同,产生电荷的多少不一样;反之,电压不同,振动频率也不同。天然水晶和合成水晶均具有良好的压电性,因而被广泛应用于无线电和遥控器上。

四、导热性

物体能传导热量的性质叫导热性。这是因大量分子、原子、离子或自由电子相互撞击,使热量由温度较高的一端传递到温度较低的一端。往往导电性强的物体,导热性也强,不导热的物体称为热绝缘体。

不同宝石导热性差异很大,所以导热性可作为宝石的鉴定特征之一。导热性以热导率(λ)表示,单位为 $W/(m \cdot K)$。热导率须在特定实验环境用特定仪器测定。在宝石学中,一般使用相对热导率。相对热导率常以银或尖晶石的热导率为基数。钻石的热导率比其他宝石高出数十倍至数千倍,当尖晶石的热导率为1时,钻石的相对热导率是56.9~170.8,金的相对热导率是44,银的相对热导率是31,而刚玉的相对热导率是2.96,其他多数宝石的相对热导率小于1。利用这一特征使用热导仪能迅速鉴别钻石(除合成碳硅石以外)。

五、导电性

矿物对电流的传导能力称为导电性。矿物的导电性很早便被研究和重视。不同种类的矿物,其导电性不同。与金属矿物相比,许多非金属矿物的导电性微弱。宝石中的赤铁矿和合成金红石是较好的导电体。钻石是电的不良导体,但在Ⅱb型浅蓝色钻石晶格中,微量的硼原子取代碳原子,使局部电位失衡,便产生了自由电子,从而造成该型钻石具有微弱的导电性能,属半导体。但辐射改色的浅蓝色钻石,其不良的导电性并未改变,所以可用导电性的差别来鉴别天然浅蓝色钻石和辐照改色的浅蓝色钻石。

随着宝石测试技术的进步,应用热学、电学性质鉴别天然宝石、处理宝石(尤其是充填和镀膜处理的宝石)、合成宝石和人造宝石等具有广阔的前景。

习　题

一、名词解释

1. 光泽
2. 透明度
3. 亮度
4. 火彩
5. 单折射宝石
6. 双折射宝石
7. 多色性
8. 荧光
9. 硬度
10. 解理

二、判断题

1. 金刚光泽的宝石的折射率都比玻璃光泽的宝石高。　　　　　　　　(　　)
2. 宝石的折射率越高，光泽也越强。　　　　　　　　　　　　　　　(　　)
3. 同一种致色离子在不同宝石中只能产生一种颜色。　　　　　　　　(　　)
4. 各种具有变色效应的宝石都是 Cr 致色的。　　　　　　　　　　　(　　)
5. 纯净的刚玉是无色的，由于含有 Cr 而呈红色。　　　　　　　　　(　　)
6. 紫晶呈紫色的原因是含锰离子。　　　　　　　　　　　　　　　　(　　)
7. 铁铝榴石的红色是因含 Fe^{3+}。　　　　　　　　　　　　　　　　(　　)
8. 等轴晶系的宝石属于单折射宝石。　　　　　　　　　　　　　　　(　　)
9. 双折射率大的宝石多色性也较强。　　　　　　　　　　　　　　　(　　)
10. 双折射率大的宝石色散值一定高。　　　　　　　　　　　　　　　(　　)
11. 双折射宝石通常都有两个光轴。　　　　　　　　　　　　　　　　(　　)
12. 非均质体宝石最大折射率和最小折射率之和是它的双折射率。

(　　)

13. 非均质有色宝石一定能见到多色性。　　　　　　　　　　　　　　(　　)
14. 单晶宝石的各种物理性质都是因方向而异的。　　　　　　　　　　(　　)
15. 双折射宝石包括中级晶族和低级晶族的宝石。　　　　　　　　　　(　　)
16. 具有明显二色性的宝石一定是一轴晶宝石。　　　　　　　　　　　(　　)
17. 具有明显二色性的宝石一定是双折射宝石。　　　　　　　　　　　(　　)
18. 具有多色性的宝石一定是非均质体，所以非均质宝石一定有二色性。

(　　)

19. 具有二色性的宝石从任一方向上都可能见到二色性。（ ）
20. 同一种宝石的荧光颜色和强度一致。（ ）
21. 具晕彩效应的长石都是钾长石。（ ）
22. 具有猫眼效应的宝石都可以称为猫眼石。（ ）
23. 海蓝宝石与蓝宝石都是刚玉的变种。（ ）
24. 具有变色效应的宝石都称为变石。（ ）
25. 砂金效应只见于长石中。（ ）
26. 宝石在受外力作用后，沿一定的结晶方向裂开成平面的性质必定是解理。（ ）
27. 组成翡翠的硬玉具有两组完全解理，因此翡翠可见微小的解理闪光，称为"翠性"。（ ）
28. 碧玺因受热产生电荷，吸附纸屑、尘埃，故矿物学名称为电气石。（ ）

三、选择题

1. 宝石的颜色是指宝石（   ）。
   A. 在白光下选择性吸收后见到的单色光
   B. 在400～700nm连续波长光下选择性吸收后见到的混合光的颜色
   C. 在400～700μm连续光波下选择性吸收后见到混合光的颜色
   D. 以上都不是

2. 宝石光泽由强到弱的顺序为（   ）。
   A. 玻璃光泽、半金属光泽、金刚光泽
   B. 金刚光泽、半金属光泽、玻璃光泽
   C. 半金属光泽、金刚光泽、玻璃光泽
   D. 金刚光泽、玻璃光泽、半金属光泽

3. 珍珠具有柔和而又带彩色的珍珠光泽是由于（   ）。
   A. 光的折射   B. 光的散射   C. 光的干涉   D. 光的衍射

4. 有多色性的宝石可能是（   ）。
   A. 等轴晶系   B. 六方晶系   C. 单斜晶系   D. 高级晶族

5. 宝石有无二色性取决于（   ）。
   A. 化学成分   B. 晶体结构   C. 生成环境   D. 几何外形

6. 当在某种宝石中观察到三色性时，可以帮助确定该宝石为（   ）。
   A. 一轴晶   B. 非晶质   C. 二轴晶   D. 均质体

7. 宝石中所见的由于干涉所产生的颜色通常称为（   ）。
   A. 晕彩   B. 多色性   C. 体色   D. 残余色

8.摩氏硬度计中硬度为6的标准矿物是（　　）。
A.正长石　　　B.斜长石　　　C.石英　　　D.刚玉

9.能形成六射星光的宝石中平行排列的针管状包体有（　　）。
A.二组　　　B.三组　　　C.四组　　　D.六组

10.宝石具有变彩效应是因为内部细微包体对光的（　　）。
A.折射　　　B.反射　　　C.衍射及干涉　　　D.漫反射

11.耐久性好的宝石摩氏硬度一般在（　　）。
A.7以上　　　B.8以上　　　C.9以上　　　D.7.5以上

12.下列宝石中哪种宝石韧性最大？（　　）
A.翡翠　　　B.东陵石　　　C.软玉　　　D.水钙铝榴石

13.锆石的"纸蚀现象"是因为什么物理性质而产生？（　　）
A.硬度大　　　B.脆性大　　　C.折射率大　　　D.解理发育

14.能发育完全解理的宝石有（　　）。
A.钻石、石榴石、萤石、方解石　　　B.钻石、托帕石、石榴石、萤石
C.钻石、托帕石、萤石、方解石　　　D.钻石、红宝石、水晶、方解石

15.红宝石内通常可以看到（　　）。
A.解理　　　B.裂理　　　C.晶面　　　D.断口

16.托帕石中一组完全解理是平行于（　　）。
A.斜方柱　　　B.平行双面　　　C.斜方双锥　　　D.四方柱

17.一包无色圆珠不慎落地,打开一看有一颗出现一条平整裂隙,它最可能是（　　）。
A.玻璃　　　B.合成水晶　　　C.合成刚玉　　　D.托帕石

18.以下常见材料中热导率最大的是（　　）。
A.铜　　　B.刚玉　　　C.银　　　D.钻石

四、问答题

1.请详细列举猫眼效应、星光效应与砂金效应的异同点。

2.请详细列举晕彩效应、变彩效应与变色效应的异同点。

3.简述宝石多色性的作用。

4.简述解理、裂理、断口的异同点。

模块七　掌握宝石的分类及命名原则

任务及要求

❖ 掌握宝石的分类

❖ 会正确地给宝石命名

任务一 掌握宝石的分类

国家标准《珠宝玉石 名称》(GB/T 16552—2017)中规定了珠宝玉石的类别、定义、定名原则及优化处理珠宝玉石的定名方法,并在附录中列出了常见珠宝玉石的基本名称与优化处理方法。

珠宝玉石:对天然珠宝石和人工珠宝玉石(人工宝石)的统称,可简称宝石。

一、天然珠宝玉石

天然珠宝玉石是自然界产出的,具有美观、耐久、稀少性,具有工艺价值,可加工成饰品的矿物或有机物质等。按照组成和成因不同可分为:天然宝石、天然玉石和天然有机宝石。

1. 天然宝石

天然宝石是指自然界产出的,具有美观、耐久、稀少性,可加工成饰品的矿物单晶体(可含双晶)。

(1)高档宝石:硬度大多大于7,例如钻石、红宝石、蓝宝石、祖母绿、金绿宝石等。

(2)中低档宝石:例如碧玺、石榴石、尖晶石、水晶等。

有些宝石产量低,称为稀少宝石,可供人们收藏,例如塔菲石、蓝锥矿、矽线石等。

2. 天然玉石

天然玉石是指自然界产出的,具有美丽、耐久、稀少性和工艺价值,可加工成饰品的矿物集合体,少数为非晶体。根据玉石材料和硬度、自然界产出量的多少以及工艺特点,将玉石分为高档、中低档两类。

(1)高档玉石:硬度为6.5~7,例如翡翠、软玉等。

(2)中低档玉石:硬度多为4~6,例如玛瑙、岫玉、青金岩、天然玻璃等。

有些玉石的硬度很低,为2~4,常用作图章石、砚石、装饰石,例如寿山石、青田石等。

3. 天然有机宝石

天然有机宝石是指与自然界生物有直接生成关系,部分或全部由有机物质组成,可用于饰品的材料,如珊瑚、象牙、玳瑁等。人工养殖珍珠(简称

"珍珠"),由于其养殖过程的仿自然性及产品的仿真性,也归于此类。

二、人工宝石

完全或部分由人工生产或制造,用作首饰及饰品的材料(单纯的金属材料除外)统称为人工宝石,包括合成宝石、人造宝石、拼合宝石和再造宝石。

1. 合成宝石

合成宝石是指完全或部分由人工制造且自然界有已知对应物的晶质体、非晶质体或集合体,其物理性质、化学成分和晶体结构与所对应的天然珠宝玉石基本相同,如合成红宝石、合成祖母绿(图7-1)、合成钻石等。在珠宝玉石表面人工再生长与原材料成分、结构基本相同的薄层,此类宝石也属于合成宝石,又称再生宝石。

合成宝石必须具备以下3个条件。

(1)它应当是人工参与生产的无机产物。有机材料在外观上可能被模仿,但其生长过程是不可复制的。

(2)它必须有对应的天然宝石。

(3)它的物理性质、化学成分和晶体结构与相对应的天然宝石基本相同,可以有微小的差异。

图7-1 合成红宝石与合成祖母绿

2. 人造宝石

人造宝石是由人工制造且自然界无已知对应物的晶质体、非晶质体或集合体,如YAG(人造钇铝石榴石)。

3. 拼合宝石

拼合宝石是由两块或两块以上材料经人工拼接而成,且给人以整体印象的珠宝玉石,如拼合欧泊。

4. 再造宝石

再造宝石是通过人工方法将天然珠宝玉石的碎块或碎屑熔接或压结成具整体外观的珠宝玉石,可辅加胶结物质,如再造琥珀、再造珍珠等。

三、小结

宝石的分类见表7-1。

表7-1 宝石的分类

分类		特点	典型宝石
天然珠宝玉石	天然宝石	主要为单晶矿物	钻石、红宝石、蓝宝石、祖母绿、金绿宝石、水晶
	天然玉石	主要为矿物集合体,非晶质宝石也包括在此列	翡翠、软玉、岫玉、玻璃、欧泊
	有机宝石	主要指与自然界生物有关的宝石	珍珠、象牙、琥珀
人工宝石	合成宝石	有天然对应物的宝石	合成红宝石、合成钻石、合成祖母绿、合成立方氧化锆
	人造宝石	无天然对应物	人造钇铝榴石、人造钆镓榴石
	拼合宝石	两块及以上的材料组合在一起	拼合欧泊、拼合贝壳
	再造宝石	碎块在高温高压下黏结而成	再造琥珀、再造珍珠

任务二 掌握宝石的命名原则

大多数天然宝石是矿物或者岩石,所以使用矿物或岩石名称一般不会出现混淆。但多数从事宝石行业的人员,对于矿物和岩石名称陌生,同时某些工艺名称、商业名称也反映了宝石的特点,易被人们接受并长期使用,例如以产地命名的坦桑石、岫玉等。

以下结合2017版国标,详细介绍宝石的命名原则。

一、天然珠宝玉石

1. 天然宝石

天然宝石的定名应遵守以下规则。

(1)直接使用天然宝石基本名称或其矿物名称,无须加"天然"二字,如金绿宝石、红宝石等。

(2)产地不应参与定名,如南非钻石、缅甸红宝石等。坦桑石除外。

(3)不应使用两种或两种以上天然宝石名称组合命名某一种宝石,如红宝石尖晶石、变石蓝宝石等。变石猫眼除外。

(4)不应使用易混淆或含混不清的商业名称定名,如蓝晶、绿宝石、半宝石等。

2. 天然玉石

天然玉石的定名应遵守以下规则。

(1)直接使用天然玉石基本名称或其矿物(岩石)名称,在天然矿物或岩石名称后可附加"玉"字,无须加"天然"二字,如蛇纹岩玉、石英岩玉等。天然玻璃除外。

(2)不应用雕琢形状或外观定名天然玉石,如玉观音、玉扣、血丝玉、桃花玉。

(3)除保留部分传统名称外,产地不参与定名,且玉石名称中的产地不具有产地含义,如岫玉、独山玉。

(4)不能单独将"玉"或"玉石"直接作为某种天然玉石的名称。

3. 天然有机宝石

天然有机宝石的定名应遵守以下规则。

(1)直接使用天然有机宝石基本名称,无须加"天然"二字。天然珍珠、天然海水珍珠、天然淡水珍珠除外。

(2)"养殖珍珠"可简称为"珍珠","海水养殖珍珠"可简称为"海水珍珠","淡水养殖珍珠"可简称为"淡水珍珠"。

(3)产地不应参与天然有机宝石定名,如波罗的海琥珀、台湾珊瑚。

二、人工宝石

1. 合成宝石

合成宝石的定名应遵守以下规则。

(1)必须在其所对应的天然珠宝玉石名称前加"合成"二字,如合成红宝石、合成祖母绿等。

（2）生产厂或制造商的名称不参与定名，如查塔姆祖母绿、林德祖母绿等。

（3）不应使用易混淆或含混不清的名词定名，如鲁宾石（以前国内珠宝市场上习惯将合成红宝石称为鲁宾石，这是由红宝石的英文名 ruby 直译而来的）、红刚玉、合成品等。

（4）合成方法不参与定名，如 CVD 钻石、HPHT 锆石。

（5）再生宝石应在对应的天然珠宝玉石名称前加"合成"或"再生"二字，如天然水晶表面再生长绿色合成水晶，应定名为合成水晶、再生水晶。

2. 人造宝石

人造宝石的定名应遵守以下规则。

（1）应在材料名称前加"人造"二字，如人造钇铝榴石、人造钆镓榴石。玻璃、塑料除外。

（2）生产厂、制造商的名称不参与定名。

（3）不应使用易混淆或含混不清的名称定名，如奥地利钻石（实为合成水晶）、苏联钻（实为合成立方氧化锆）等。

（4）生产方法不参与定名，如"晶体提拉法钇铝榴石"。

3. 拼合宝石

拼合宝石的定名应遵守以下规则。

（1）应在组成材料名称之后加"拼合石"或在前面加"拼合"二字，如水晶拼合石或拼合水晶。

（2）可逐层写出组成材料名称，如蓝宝石、合成蓝宝石拼合石。也可只写出主要材料（顶层材料）名称，如蓝宝石拼合石。

（3）对于分别用天然珍珠、珍珠、欧泊或合成欧泊为主要材料组成的拼合石，分别用拼合天然珍珠、拼合珍珠、拼合欧泊或拼合合成欧泊的名称即可，不必逐层写出材料名称。

4. 再造宝石

在所组成天然珠宝玉石名称前加"再造"二字，如再造琥珀、再造绿松石等。

三、具特殊光学效应的宝石

1. 猫眼效应

可在珠宝玉石基本名称后加"猫眼"二字，如红柱石猫眼、磷灰石猫眼、海蓝宝石猫眼等。只有金绿宝石猫眼可直接称为猫眼。

2. 星光效应

可在珠宝玉石基本名称前加"星光"二字,如星光红宝石、星光透辉石。具有星光效应的合成宝石定名方法是:在所对应天然珠宝玉石基本名称前加"合成星光",如合成星光红宝石。

3. 变色效应

可在珠宝玉石基本名称前加"变色"二字,如变色石榴石。具变色效应的合成宝石定名方法是:在所对应天然珠宝玉石名称前加"合成变色",如合成变色蓝宝石。只有具变色效应的金绿宝石才能直接命名为变石。

4. 其他特殊光学效应

除猫眼效应、星光效应和变色效应外,其他特殊光学效应(如砂金效应、晕彩效应、变彩效应等)不参加定名,可以在相关质量文件中附注说明。

四、优化处理宝石

除切磨和抛光以外,用于改善珠宝玉石的外观(颜色、净度或特殊光学效应)、耐久性或可用性的所有方法称为优化处理,分为优化和处理两类。

1. 优化

优化指传统的、被人们广泛接受的、能使珠宝玉石潜在的美显现出来的优化处理方法,包括热处理、漂白、浸蜡、浸无色油等。

优化宝石的定名规则有:①直接使用珠宝玉石名称;②鉴定证书中可附注说明具体优化方法。

2. 处理

处理指非传统的、尚不被人们接受的优化处理方法,包括浸有色油、充填处理、染色处理、辐照处理、激光打孔、覆膜处理、扩散处理、高温高压处理等。

处理宝石的定名规则如下。

(1)在所对应珠宝玉石名称后加括号注明"处理"或注明处理方法,如蓝宝石(处理)、蓝宝石(扩散)、翡翠(漂白、充填);也可在所对应珠宝玉石名称前描述具体处理方法,如扩散蓝宝石。

(2)如果定名为××(处理),在相关质量文件中必须描述具体处理方法。

(3)在目前一般鉴定技术条件下,如不能确定宝石是否经过处理时,在宝石名称中可不予表示,但必须在相关质量文件中附注说明,描述为"未能确定是否经过×××处理""××成因未定"或"可能经过×××处理"。

(4)经多种方法处理或不能确定具体处理方法的珠宝玉石可按(1)(2)(3)进行定名,也可在相关质量文件中附注说明"××经人工处理",如钻石(处理),附注说明"钻石颜色经人工处理"。

(5)经处理的人工宝石可直接使用人工宝石基本名称定名。

习 题

一、判断题

1. 天然形成的玻璃必须加"天然"二字。 （ ）
2. 任何染色宝玉石的鉴定证书上,按国标规定,必须在名称后加上(处理)。 （ ）
3. 目前市场上的岫玉产于辽宁岫岩。 （ ）
4. 市场上的"澳洲玉"都是从澳大利亚进口的绿玉髓。 （ ）
5. 染色玛瑙效果稳定,上市时不必标注处理。 （ ）

二、选择题

1. 立方氧化锆是( )。
  A. YAG   B. CZ   C. GGG   D. ST
2. 利用色心呈色原理,使无色托帕石改色为蓝色的优化处理方法是( )。
  A. 辐照处理   B. 扩散处理   C. 染色   D. 镀膜
3. 热处理后弧形色带已不清晰的合成蓝宝石,在鉴定证书名称一栏写为( )。
  A. 合成蓝宝石   B. 合成蓝宝石(处理)
  C. 热处理的合成蓝宝石   D. 蓝宝石(合成)
4. 在珠宝玉石鉴定证书中,下列哪种祖母绿无须在备注中说明？( )
  A. 注无色油的   B. 注有色油的   C. 注塑料的   D. 注铅玻璃的

模块八　学习宝石的包体

任务及要求

❖ 掌握研究宝石包体的意义

❖ 掌握宝石包体的分类

❖ 规范描述宝石包体

模块八 学习宝石的包体

任务一 掌握宝石包体的概念

天然宝石是在复杂的地质环境中形成的,外来杂质的混入,成矿溶液的浓度及温度、压力的变化都会对宝石的生长产生影响,同时在宝石的内部留下一定的痕迹,这就是我们常说的包裹体(简称包体,也可称为内含物)。

宝石包体不仅能帮助我们鉴定宝石品种、区分天然和合成宝石、判别宝石是否经过优化处理,还有助于评价宝石的品质和了解成因甚至产地。

一、包体的概念

包体的概念来源于矿物学,在宝石学中予以沿用和扩展。

包体是指影响宝石整体均一性的,与主体有成分、相态、结构或颜色等差异的内、外部特征。物理学的相是指系统中物理性质和化学性质完全均一的部分。

宝石包体有狭义和广义之分。狭义包体即矿物包裹体的概念,包括固相、液相、气相包体及特殊类型的包体(如负晶)等。广义包体的概念是指影响宝石整体均一性的所有特征,即除狭义包体外,还包括宝石的结构特征和物理特性的差异,如带状结构、色带、双晶纹、解理、裂理和断口,以及与内部结构有关的表面特征等(图8-1)。宝石学中的包体多指的是广义包体。

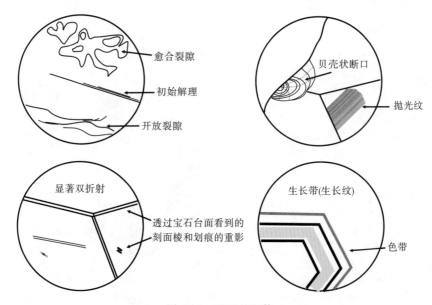

图 8-1 宝石的包体

二、研究宝石包体的意义

研究宝石的包体在宝石学中具有重要意义,归纳起来有如下几点。

1. 鉴定宝石的品种

有些宝石中的特殊包体,例如翠榴石中的"马尾丝状"包体[图8-2(a)]、尖晶石中的八面体晶体包体等[图8-2(b)],都可以成为该宝石重要的鉴定依据。

 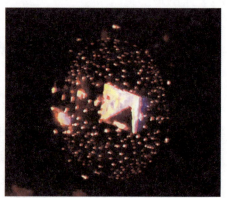

(a)翠榴石中的"马尾丝状"包体　　　　　(b)尖晶石中的八面体晶体包体

图8-2　宝石中的特殊包体

2. 区分天然宝石、合成宝石及仿制宝石

天然宝石和合成宝石在各自的生长过程中留下的生长痕迹,成为鉴别它们的有力证据,例如天然蓝宝石中平直的、六边形或角状色带,而焰熔法合成蓝宝石中则是弧形生长纹(图8-3)。

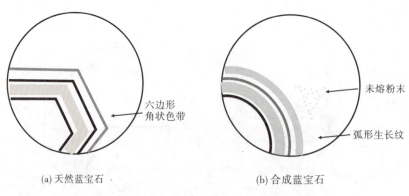

(a)天然蓝宝石　　　　　　　(b)合成蓝宝石

图8-3　天然蓝宝石与合成蓝宝石中常见的结构特征

3. 根据宝石的典型包体及包体组合确定宝石的产地

有时可以根据宝石中的特征包体来判断宝石的产地,但只有包体够典型时,结果才可靠。例如祖母绿中含典型气、液、固三相包体时,可以帮助我们判断产地是哥伦比亚。

4. 鉴定某些优化处理的宝石

宝石优化处理的方法有很多,通过优化处理可以对宝石的外观进行改善,改善的同时会形成新的包体特征,给鉴定提供了依据(图8-4)。

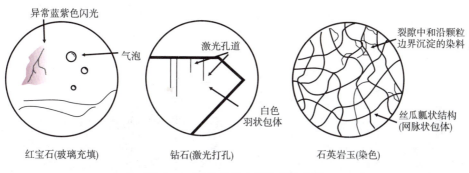

图8-4 优化处理宝石的包体特征

5. 根据宝石中包体的特点进行加工

某些特殊的包体,使用合适的加工方法可以增加宝石的价值,如玛瑙中的水胆。若宝石中存在一组或多组平行排列的针管状包体,经过合理的加工,可使宝石产生猫眼效应或星光效应,也可提高宝石的价值。

6. 根据宝石包体的大小及分布特征对宝石进行评估和分级

包体的存在有时会提高宝石的价值,有时会降低宝石的价值。根据包体的特征,可以对宝石的品质做出综合评价。例如根据钻石中包体的类型、大小、位置、数量、可见度对钻石净度进行分级。LC(包括 FL、IF)代表钻石内部没有任何瑕疵,VVS_1、VVS_2代表在钻石内部极难或很难发现瑕疵,VS_1、VS_2代表在钻石内部比较容易发现瑕疵,SI_1、SI_2很容易发现瑕疵,P_1、P_2、P_3即肉眼可见瑕疵(图8-5)。

7. 了解天然宝石形成环境,指导找矿和确定合成宝石实验条件

包体是研究宝石形成环境最直接的证据,通过宝石中的包体,我们可以测定宝石形成时的温度、压力、氧逸度等数据,这些数据对于找矿、勘探、开采及人工合成宝石具有重要意义。

(a) LC内部无瑕疵　　　(b) VVS_1、VVS_2极难或　　　(c) VS_1、VS_2比较容易
　　　　　　　　　　　　　　很难发现瑕疵　　　　　　　　　发现瑕疵

(d) SI_1、SI_2很容易发现瑕疵　　　(e) P_1、P_2、P_3肉眼可见瑕疵

图 8-5　钻石的净度分级

注：专业技术人员在10倍放大镜下对钻石进行净度分级。

任务二　掌握宝石包体的分类

一、依据包体与宝石形成的相对时间分类

依据包体与宝石形成的先后顺序，可将包体分为原生包体、同生包体和次生包体。

1. 原生包体

原生包体是指比宝石形成更早，在宝石形成之前已结晶或存在的一些物质，它在宝石生长过程中被包裹到宝石内部。原生包体都是固态的，通常为各种矿物，它可以与寄主相同，也可以不同。如钻石中的石榴石[图8-6(a)]、水晶中的黄铁矿、祖母绿中的阳起石等。

(a) 钻石中的石榴石　　　　　　　(b) 水晶中的黄铁矿

图 8-6　原生包体

原生包体可以反映宝石的成因特征,可作为天然宝石的鉴定依据和产地依据,例如斯里兰卡蓝宝石中的白云母、缅甸抹谷蓝宝石中的方解石都是反映母岩特征的原生包体,具有产地鉴定意义。合成宝石中一般不存在原生包体,但对于有种晶的合成方法,也可将种晶视为一种原生包体。

2. 同生包体

同生包体是与宝石同时期形成的,在跟宝石同时生长的过程中被包裹到宝石中。它们的形成主要与宝石的差异性生长、晶体的不规则生长结构、晶体的生长间断、溶液过饱和度的变化、外来杂质的出现、宝石生长体系温度或压力的突然变化等因素有关。此类包体可以是固态的,也可以是呈各种组合关系的固体、液体和气体,甚至可以是空洞或裂隙等,还可以是化学组分变化所形成的色带、幻晶等。可进一步划分为同生固态包体、同生流体包体和同生非物质性包体。

1)同生固态包体

在某些情况下,若包体与宝石某些方向的原子结构相似,当宝石停止生长时,包体可聚集在宝石的表面;晶体重新生长则会覆盖这些生长在表面的矿物,使之成为包体。例如水晶中的金红石针状包体[图8-7(a)]、红宝石中的三组金红石针状包体[图8-7(b)]、日光石中的片状赤铁矿[图8-7(c)]等。

(a) 水晶中的金红石针状包体　　(b) 红宝石中的三组金红石针状包体　　(c) 日光石中的片状赤铁矿

图8-7　同生固态包体

2)同生流体包体

宝石在生长过程中可能破裂,成矿溶液进入裂隙中,后期裂隙在适当部位愈合。在富含溶液环境下生成的宝石中,常见以这种方式形成的愈合裂隙。愈合裂隙可以呈扁平状或弯曲状,常说的"指纹状"包体[(图8-8(a)]就属于此类。

有的宝石内部可含有管状的孔道或具有形状规则的孔洞。这是宝石在生长的过程中生长阻断或生长速度过快造成的,如海蓝宝石中的"管状"包体或呈断断续续的"雨丝状"、尖晶石中的八面体负晶[图8-8(b)]等。这些孔道或空洞里也可有流体包体。

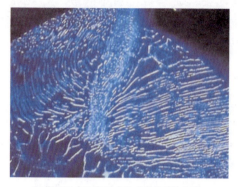
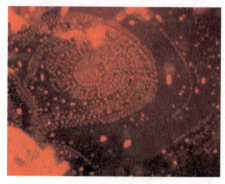

(a) 斯里兰卡蓝宝石中的"指纹状"包体　　　(b) 尖晶石中的八面体负晶

图8-8　同生流体(气、液)包体

很多情况下,流体包体与气态、固态包体共存。

3) 同生非物质型包体

宝石中常见同生非物质型包体主要表现为以下几种分带现象。

(1) 包体分带。宝石生长的暂时停顿使外来晶体集结在寄主宝石的表面。若寄主水晶重新生长,便可形成呈面状分布的薄层包体,即所谓的"幻影"水晶[图8-9(a)]。

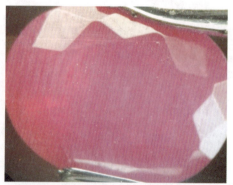

(a) "幻影"水晶　　　(b) 焰熔法合成红宝石中的弧形生长纹

图8-9　同生非物质型包体

(2) 颜色分带。颜色分带通常取决于宝石中化学成分的变化,它反映了宝石生长环境和化学成分的变化,如红宝石、蓝宝石中的平直或六方形、角状色带。

(3)结构分带。结构分带通常是由宝石中的双晶造成的,如红宝石中由聚片双晶形成的裂理。

合成宝石的包体大都属于同生包体,它们可以是固态、气态或液态的。但它们往往在形态和组成上与天然宝石明显不同,可作为区分天然与合成宝石的主要鉴别特征。如助熔剂法合成红宝石中的助熔剂残余,水热法合成祖母绿中的铂金片、水波纹状纹理,焰熔法合成红宝石中的弧形生长纹[图 8-9(b)]和未熔粉末等。

3. 次生包体

次生包体的形成时间晚于寄主宝石,它是宝石形成后由于环境的变化(如受应力作用而产生的裂隙)、外来物质沿裂隙渗入、放射性元素的破坏等作用所形成的包体。

宝石停止生长后产生的裂隙,可能会有外来物质沉淀其中。常见的外来物质是铁和锰的氧化物,如水晶或玛瑙中的黑色树枝状或苔藓状包体[图 8-10(a)]。

当包体与宝石具有不同的热膨胀系数时,温度的变化会导致包体与宝石体积变化不一致,这样就会在包体周围形成圆盘状的应力裂隙,例如橄榄石中的"睡莲叶状"包体[图 8-10(b)]。锆石常含有放射性元素铀(U)和钍(Th),它们作为包体出现在宝石中时不但可以破坏宝石本身的晶体结构,放射性元素还会使锆石的体积增大,产生的应力可导致在锆石周围形成放射状的裂隙,即"锆石晕"。

(a) 水晶中的黑色树枝状包体　　(b) 橄榄石中的"睡莲叶状"包体

图 8-10　次生包体

合成宝石往往不存在次生包体。优化处理的宝石,常含有次生包体,大多可作为鉴定特征。如红、蓝宝石的热处理,往往会导致内部固态包体的体积发生变化,在周围产生次生裂隙;还会使宝石中存在的钛(Ti)出溶,而形成金红石针状包体;也可使同生的金红石针状包体熔蚀,形成点状金红石,这些都可以作为红、蓝宝石热处理的鉴定特征。另外,宝石的染色处理、充填处理、激光打孔处理所留下的痕迹、扩散处理造成的颜色浓集于刻面型宝石的腰棱部位都可视为次生包体。

二、依据包体的相态分类

根据包体的相态特征,可将包体分为固态包体、液态包体和气态包体。

固态包体是指在宝石中以固相存在的包体,如红宝石中的金红石、祖母绿中的黄铁矿和方解石等。

液态包体指以单相或两相的流体为主的包体,最常见的液体为水,有机液体也偶有出现,如蓝宝石中的"指纹状"包体、萤石和托帕石中的两相不混溶的液态包体等。

气态包体(气泡)指主要由气体组成的包体,如琥珀中的气泡[图8-11(a)],充填红、蓝宝石和玻璃中的气泡[图8-11(b)]等。

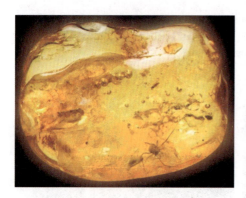
(a) 琥珀中的气泡

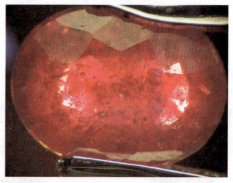
(b) 充填红宝石中的气泡

图8-11 气态包体

在宝石中,往往可见到两种或两种以上相态包体共存的现象,从而可将它们分为单相、两相、三相或多相包体。单相包体指以单一相态存在的包体,多为单相的固态包体,在合成宝石中也常见单相的气态包体;两相包体可以是气、液包体(如"指纹状"包体多为气、液两相包体),液、液包体(如托帕石中两相不混溶的液态包体),液、固包体;三相包体主要指同一包体内含有气、液、固三相包体或液、液、气三相包体,如祖母绿中常见的由石盐、气泡、水构成的三相包体(图8-12)。

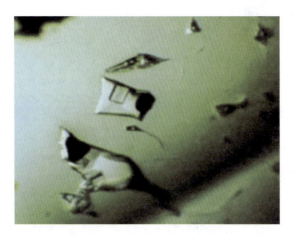

图 8-12 祖母绿中的三相包体

三、依据包体的存在形式分类

根据包体的存在形式,可将包体分为物质型包体和非物质型包体两大类。

1. 物质型包体

物质型包体是指实际物相以某种形态存在,如固态包体、液态包体和气态包体等。

2. 非物质型包体

它们往往不是以某种物相形式存在,而多呈现一种现象。如负晶,双晶面,解理纹,由宝石成分的变化、晶格缺陷、放射性蜕变所导致的与主体宝石颜色有明显差异的色带、色团、色晕等。

1)颜色分布

宝石中颜色的分布特征对揭示宝石是否经过优化处理、是否为合成品是非常有用的。如焰熔法合成的宝石往往具有弯曲的生长纹;在染色宝石中,染料聚集在裂隙或晶粒的边界处;扩散处理的宝石,颜色集中在刻面型宝石的尖角、棱线和表面的裂隙处(图 8-13)。

图 8-13 蓝宝石(扩散处理)

2)表面特征

表面特征能提供关于宝石结构和宝石定名的相关线索,如钻石中的双晶纹可在抛光面上产生纹路,漂白、充填处理的翡翠表面可显示"沟渠状"或"蛛网状"的现象。

3）解理、裂理和断口

解理、裂理和断口对某些宝石的鉴别有一定价值，如玻璃显示贝壳状断口，锂辉石、长石表面可见阶梯状解理面，红、蓝宝石可具有裂理。解理对于鉴定钻石意义重大，有些钻石腰部的须状腰是仿制品所不具备的。

4）双晶

红宝石、蓝宝石、金绿宝石、长石中常可见到双晶纹。

5）刻面棱重影

对于双折射率大的宝石来说，用10倍放大镜或宝石显微镜，从适当的角度观察可以看到明显的后刻面棱重影和内部包体的重影，如橄榄石、碧玺、锆石（图8-14）等。

以上不同的分类从不同的角度归纳了包体的特征，每一个分类都不可能涵盖宝石包体的全部特征，熟悉这些分类对鉴定宝石具有重要意义。

图8-14 锆石的后刻面棱重影

任务三 规范描述宝石的包体

参考钻石的包体符号，本书设计了宝石常见包体的符号（表8-1）。我们借鉴了钻石包体符号的标注方法，用红笔标示内部特征，绿笔标示外部特征。考虑到宝石的品种丰富，包体的情况比钻石复杂得多，为了避免符号过于繁杂，让初学者能更好地、规范性地描述宝石包体，合成和优化处理宝石的典型包体特征以及玉石的包体特征没有放在此范畴之内。

表8-1 常见宝石包体的符号

名称	符号	特点	名称	符号	特点
抛光纹	∥∥∥	抛光不当造成的同一刻面上的平行细密线状划痕	磨损面棱	⧻	棱线、面上的细小磨损，呈磨毛状
表面凹坑	⋮⋮⋮	宝石表面的小凹坑	解理、裂理	++ ++	解理或裂理造成的平坦破裂面，常呈珍珠光泽或有晕彩

续表 8-1

名称	符号	特点	名称	符号	特点
贝壳状断口		断面为光滑曲面,常有不规则同心条纹,具油脂光泽	划痕		宝石表面被硬物划伤的线状痕迹
破口		宝石表面破损的小口,形状不规则	表面生长纹		宝石表面的生长痕迹
愈合裂隙		在宝石内部,呈扁平状或弯曲状,裂面上常有不规则的流体包体分布,似指纹	晶体包体	透明 暗色	宝石内部的固体包体,可有一定的晶形,或棱角分明,偶见圆滑棱角
气泡		独立的气相包体,常呈圆球形,整体轮廓趋于球形,无尖利棱角,边界较粗黑	气、液包体		液体中包裹气泡的两相流体包体
液体包体		呈透明的不规则扁平状	解理裂纹		初始解理(裂理)造成的平行裂纹
平直色带		平直的颜色分带	带云雾晶体		有微小流体包体环绕的固体包体
絮状物		呈点状或团块状的白色棉絮状包体	带裂的包体		带有一个或多个应力裂纹的固体包体
盘状裂隙		环绕在固体包体周围的盘状应力裂纹	内部生长纹		宝石内部的生长痕迹
点状包体		极小的固体或液体包体	针状包体		宝石内部的针状包体
开放裂隙		宝石表面可见裂纹,裂面里常有黄褐色后期填充物,可见晕彩			

在记录时，要对宝石的包体特征进行规范化的文字描述，并辅以图示。此方法更加直观和全面，而且也便于掌握。初学者应用尽可能详尽的文字来表述所观察到的包体特征，基本上可以按下列"公式"组织语言。

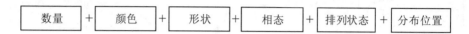

数量：常用来描述包体数量的形容词有"大量的""少量的""零星的"等。

颜色：白色、暗色，即根据所看到的颜色进行客观描述。

形状：常见的描述有针状（如红宝石中的针状金红石）、管状（如玻璃猫眼中平行排列的管状包体）、片状（如日光石中橙红色赤铁矿亮片）、浑圆状（通常是些小晶体）、絮状（通常是白色，像棉絮）、团块状、点状、雾状、雨状（例如海蓝宝石中平行排列的断断续续的短丝，像雨丝）、羽状（像一片片的羽毛）、雪花状（通常是白色，像雪花）等。

相态：固态，气态，液态，气、液，气、液、固等。

排列状态：平行排列、定向排列、杂乱排列等。

分布位置：位于宝石台面正下方、靠近腰部、靠近亭部、均匀地分布于整个宝石等。

以图8-7中日光石为例，按照以上公式可将其包体描述为：有大量橙红色片状固态包体平行排列，均匀地分布于整个宝石内部。后续的学习中对于典型包体的描述可适当进行简化。对包体的描述越详尽，越能有效地帮助我们鉴别宝石品种，并评价宝石质量。

习　题

一、判断题

1. 巴西产祖母绿的典型特征包体是三相包体。　　　　　　　　　（　　）
2. 色带属于非物质型包体。　　　　　　　　　　　　　　　　　（　　）

二、选择题

1. 有明显后刻面棱重影的宝石属于（　　）。
   A. 均质体　　B. 隐晶质集合体　　C. 显晶质集合体　　D. 非均质体
2. 宝石中的三相包体常含有（　　）。
   A. 三种固体矿物　　　　　　　B. 液体、晶体和气体
   C. 两种气体、一种晶体　　　　D. 两种晶体、一种气体

3."马尾丝状"包体是( )的典型包体。
A.尖晶石　　　　B.玛瑙　　　　C.翠榴石　　　　D.钇铝榴石
4.红宝石中出溶的三组金红石针状包体属于( )。
A.原生包体　　　B.同生包体　　　C.次生包体　　　D.液态包体
5.焰熔法合成红宝石中通常可以看到( )。
A.弧形生长纹　　B.幻影　　C."睡莲叶状"包体　　D."指纹状"包体

三、问答题
1.描述研究宝石包体的目的及意义。
2.描述包体的分类。

模块九　设计宝石的琢型

任务及要求

❖ 了解常见宝石琢型的分类及其特点
❖ 掌握宝石琢型的定向

模块九 设计宝石的琢型

任务一 学习常见琢型的分类及其特点

宝石是大自然赐予人类的礼物，是大自然孕育的珍宝。俗话说"玉不琢不成器"，这些宝石原料经过人类的精心设计、加工、切磨或雕刻后，艳丽夺目，光彩照人，为众人所喜爱。

宝石的琢型都是根据原石的特征，如颜色、透明度、特殊光效、包体特征等，进行设计加工的，目的是使宝石的造型完美，从而提升其价值。

一、琢型的含义

琢型是宝石原石经过琢磨后所呈现的式样，也称切工或款式。宝石琢型种类繁多，常见的有刻面型、弧面型、链珠型、异型四大类，其中刻面型宝石的设计和加工最为复杂，也是宝石琢型设计及加工中最重要的研究对象和内容。

二、刻面型

刻面型（faceted cut）又称翻光面型、棱面型和小面型。它是由许多具一定几何形状的小面规则排列，组合成对称的立体图案。刻面型适用于透明度较好、包体较少的宝石，因为这种琢型更能展现宝石的亮度和火彩。根据不同的刻面形状及腰形（腰棱的轮廓，即横截面形状）组合，刻面型宝石的样式可达70多种。为了便于理解和掌握，本书选择常见的刻面型款式进行分类讲解。

1. 圆多面型

圆多面型（round brilliant cut）又称标准圆钻型，由17世纪威尼斯宝石工匠设计，发展至今仍被不断修改，以期使宝石产生最大的亮度和最完美的火彩。该琢型的腰形为圆形，心形、椭圆形、梨形（水滴形）、长方形、祖母绿形、公主方形和橄榄形（马眼形）等均为它的变体。

标准圆钻型共由57或58个面组成，由冠部、亭部、腰部3个部分组成。如图9-1所示，冠部共33个面，由1个台面、8个星小面、8个冠主面和16个上腰小面组成。亭部共有24或25个面，由16个下腰小面、8个亭主面（和1个底小面）组成。底小面是一个平行于台面的很小的刻面，它可以避免底尖破损，但有时也可能没有底小面（总共57个面）。

（1）设计目的。使亭部刻面产生全反射以获得最大的亮度和最完美的

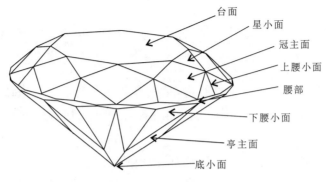

图 9-1 圆多面型各切面名称

火彩。

(2)适用宝石。主要应用于高色散的无色宝石,也用于透明度较高的彩色宝石。

(3)当钻石圆多面型切工具有良好的对称性时可以形成"八心八箭"。所谓"八心八箭"是指从钻石台面正上方俯视可见八支箭,从钻石的亭部正上方俯视则可见八颗心(图 9-2)。

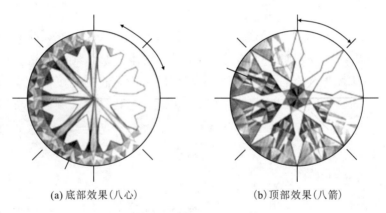

(a)底部效果(八心)　　　　(b)顶部效果(八箭)

图 9-2　钻石的八心八箭

2. 阶梯型

阶梯型(emerald cut)又称祖母绿型,由于被广泛地应用于祖母绿而得名。如图 9-3 所示,其台面和腰形均近矩形。由于祖母绿脆性较大,因此被切掉 4 个角。这种琢型的台面较大,能最大限度地突出透明宝石颜色的美丽,但亮度稍逊。

(1)设计目的。阶梯型主要是为了显示宝石的颜色,琢型的比例一般由原石颜色的深浅和晶体的形状决定。

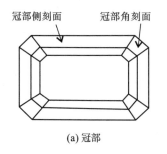
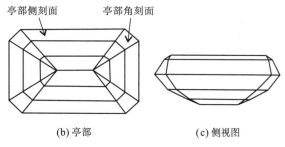

(a) 冠部 (b) 亭部 (c) 侧视图

图 9-3 祖母绿型

(2) 用途。用于所有透明宝石中,尤其适合那些瑰丽、价值依赖于颜色的彩色宝石,如祖母绿、红宝石、蓝宝石、碧玺、堇青石等。这些宝石在加工时定向很重要,要使台面显示出最好的颜色。

3. 剪刀琢型

剪刀琢型(scissors cut)亦称交叉琢型,属于阶梯型的改型。在这种琢型中,台面的四周以三角形刻面代替了近于矩形的刻面(图 9-4)。

(1) 优点。一方面,这种琢型在一定程度上可以增加宝石的亮度,并改善宝石的颜色;另一方面,可以降低加工中所产生误差的可见性。因为在阶梯琢型中,刻面切磨得稍不平行便很容易观察到,而以三角刻面代之,这种误差却不易被察觉到。

(2) 缺点。光线会从亭部底尖漏掉,从而在宝石的中央产生一块暗域。

(3) 用途。适用于钻石和各种有色宝石,原石的形态为方形或长方形的宝石非常适合采用剪刀琢型。

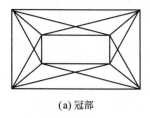 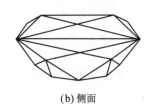 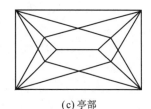

(a) 冠部 (b) 侧面 (c) 亭部

图 9-4 剪刀琢型

4. 花式琢型

花式琢型(fancy cut)通常指圆多面型的变型(图 9-5),如水滴形、椭圆形、马眼形、心形、公主方形等。

变型的比例由原石的形态和性质所决定。原石的形态不规则,或当原石中有影响品质的包体存在时,琢型的形态和比例要有所变化,原则上是以使成品达到最大质量、最高价值为目的来进行各种宝石琢型的选择和设计。

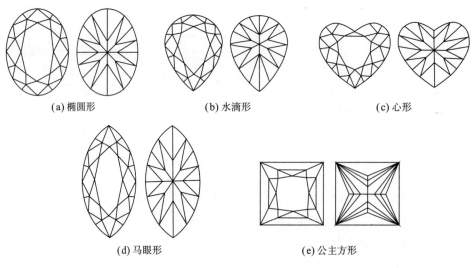

(a) 椭圆形　　　　(b) 水滴形　　　　(c) 心形

(d) 马眼形　　　　(e) 公主方形

图 9-5　各种典型变形琢型

5. 混合琢型

混合琢型(mixed cut)是刻面型的一种,是指根据宝石自身的特点,把同一颗宝石的冠部和亭部切磨成不同款式的琢型(图 9-6、图 9-7)。常见的混合琢型是冠部为圆多面型及各种变形,亭部为阶梯型。

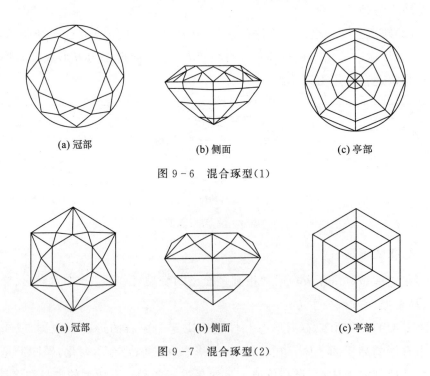

(a) 冠部　　　　(b) 侧面　　　　(c) 亭部

图 9-6　混合琢型(1)

(a) 冠部　　　　(b) 侧面　　　　(c) 亭部

图 9-7　混合琢型(2)

(1)目的。为了使切磨后宝石的质量最大。

(2)优点。对宝石的冠高、亭深等比例关系并无具体要求,只要能使宝石的火彩、颜色和质量达到最佳效果即可。

(3)缺点。一些宝石的光学性质无法较好地呈现出来,而且镶嵌较为困难。

(4)用途。适用于钻石和多种彩色宝石。这种琢型加工最复杂,一般用于价值较高的宝石。

6. 玫瑰琢型

玫瑰琢型(rose cut)也是刻面型的一种,它可能起源于印度,15 世纪由威尼斯工匠引进欧洲,18 世纪曾被广泛地应用于钻石加工业。从台面看上去,该琢型形似一朵盛开的玫瑰花,故而得名。

(1)主要特点。如图 9-8 所示,上部由多个规则的三角形刻面组成,这些刻面向上交于一点;下部仅有一个大而平的底面,腰形通常为圆形,冠部呈拱形,整个琢型呈单锥体。荷兰玫瑰琢型有 24 个三角形刻面。根据其腰棱轮廓可划分为不同类型。

(2)优点。切磨后的宝石质量最大化。

(3)缺点。不利于展示宝石的火彩和亮度。

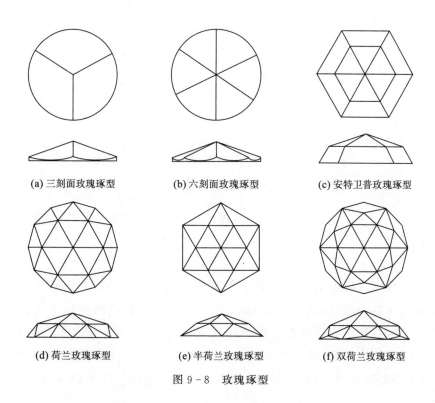

(a) 三刻面玫瑰琢型　　(b) 六刻面玫瑰琢型　　(c) 安特卫普玫瑰琢型

(d) 荷兰玫瑰琢型　　(e) 半荷兰玫瑰琢型　　(f) 双荷兰玫瑰琢型

图 9-8　玫瑰琢型

(4)用途。适用于不完整的宝石,如板状、尖角状或厚度较小的宝石。目前仅用于小颗钻石、锆石和石榴石的加工。

三、弧面型

弧面型(cabochon)又称为凸面型、蛋面或素面,是指表面凸起的、截面呈流线型的、具有一定对称性的琢型。其底面可以是平的或弯曲的,抛光的或不抛光的。这种琢型最简单,很早就用于宝石中。

1. 优点

弧面型具有加工方便、易于镶嵌、能充分体现宝石颜色、保持较大质量等诸多优点。

2. 适用范围

弧面型主要适用于不透明至半透明、具有特殊光学效应(如猫眼效应、星光效应、变彩效应等)或含有较多包体、裂隙的宝石的加工。

3. 分类

(1)弧面型可根据腰形分为圆形、椭圆形、马眼形、心形、水滴形、方形、长方形、垫形、十字形、随形等(图9-9)。

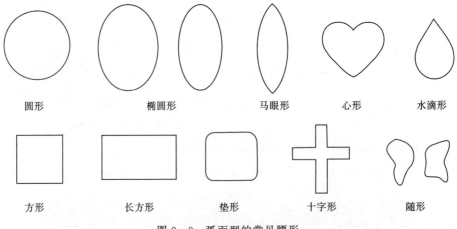

图9-9 弧面型的常见腰形

(2)根据纵截面形状弧面型可分为:单凸弧面型,一端为凸面,底面为平面,适用于各种宝石;双凸弧面型,上、下均为凸面,但上凸面比下凸面弧度更大一些,适用于有特殊光效的宝石,如星光红宝石;扁平双凸弧面型(扁豆型),上、下均为凸面,两个凸面弧度差不多,适用于欧泊等;空心凸面型,是在单凸面型的基础上,从底部向上挖一个凹面,适用于颜色较深、透明度较差的宝石;凹面型,是在单凸面型的基础上,从顶部挖一个凹面,这样可以在凹面中再镶嵌一颗宝石,常用于拼合宝石(图 9-10)。

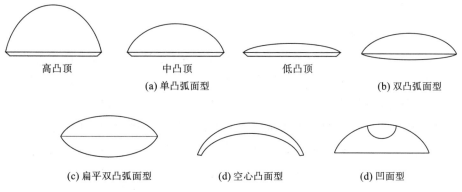

图 9-10　弧面型宝石的常见纵截面形状

四、链珠型

链珠型(bead cut)宝石是指用于珠串的具规则或不规则形状的小件宝石。根据其形态特点可分为球形珠、腰鼓珠、柱形珠等珠形;根据表面特征可分为弧形珠和刻面珠,刻面珠是各种规则对称的多面棱柱体。原料大多半透明至不透明,多为中低档宝石,如绿松石、孔雀石、玉髓等,当然也有高档宝石,如翡翠。由于珠子通常是串起来用作项链、手链或挂在耳饰或胸针上,所以其魅力主要不在于单粒珠子上,而是表现在由众多珠子所串成的整个珠串的造型上。

常见的有圆珠、椭圆珠、扁圆珠、腰鼓珠、圆柱珠、棱柱珠、刻面珠及不规则珠等(图 9-11)。

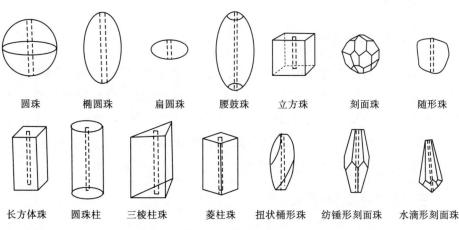

图 9-11　各种链珠

五、异型及雕件

1. 异型

异型可以分为随形和自由形。

随形加工是只对宝石进行简单的磨棱去角,抛光处理,最大限度地保留原石的形状,适用于各种观赏石等。随形通常要求材料裂纹少,结构细腻,包体少,颜色鲜艳。低档宝石的小碎粒和部分中高档宝石的边角余料都可以加工成随形。欧泊通常加工成随形,降低材料损耗量的同时保留其变彩。

自由形是人们根据原石的自然形态、颜色、色形等刻意琢磨出的造型,是混合琢型的一种类型,可将刻面和弧面组合。

2. 雕件

雕件是指通过雕刻手段而产生的琢型。一般适合加工成雕件的宝石要求有中至低的硬度、较高的韧性、美丽的颜色分布、细腻的结构。具有这些特征的通常都是玉石和有机宝石,如翡翠、软玉、玛瑙、珊瑚、琥珀等。

任务二 宝石琢型的定向

一、琢型与亮度

要使宝石的亮度变得好一些,刻面型的宝石可以适当地扩大台面大小。对于颜色较浅、折射率较低的宝石,常采用一些可以提高宝石亮度的琢型,如浅色的托帕石、水晶等多选用改良的圆钻型款式,利用更多亭主面反光来使宝石看上去更亮。

二、琢型与折射率

折射率高的宝石宜采用圆多面型、椭圆刻面型等,以达到光芒四射的视觉效果;相反,折射率低的宝石宜采用祖母绿型,以大面积的闪光面弥补因折射率低带来的反光不足的缺点。对于具有强多色性的彩色非均质体宝石,平行于光轴方向的多色性最明显,垂直于光轴的切面不显多色性,所以加工这类宝石时台面应垂直于(或至少垂直于一个)光轴方向。

三、琢型与双折射率

有些非均质体宝石有很强的双折射,如锆石、榍石、合成金红石等。若定向不当,从冠部观察这些宝石时可见明显的后刻面棱重影。为了避免这种现象,一般是使宝石的台面垂直于光轴方向。

四、琢型与特殊光学效应

具有特殊光学效应的宝石大多设计成弧面型,具有猫眼效应的宝石在切磨定向时应使宝石底面平行于针管状包体,如果宝石琢型为椭圆弧面型,应使包体的延长方向垂直于椭圆的长轴。为了使猫眼效应显得更好,可以适当地加大凸面型宝石的厚度,使凸面曲率增大,反射光集中于一个窄带。具有星光效应的弧面型宝石在切磨定向时,应使宝石底面平行于各方向针管状包体的排列面,即垂直于光轴方向。具有月光效应、晕彩效应、砂金效应的宝石大都有层状结构,因此应使宝石的底面平行于层状结构。

五、琢型与结构

有些宝石自身的结构比较特殊,应该根据它们的结构特点进行加工,如具纤维状结构的虎睛石、阳起石等,设计成弧面型就能产生猫眼效应。欧泊的球粒结构对光的反射、衍射作用可以产生变彩效应,所以宜加工成弧面型。还有一些集合体宝石的形态很特别,如放射状集合体红柱石,又称菊花石,以及一些天然的水晶晶簇,均可以直接用作观赏石。

六、琢型与硬度

基于对宝石耐久性的考虑,设计琢型时要把宝石最耐磨的部分放在磨损最严重的部位。如有些宝石有差异硬度,所以加工时应选择硬度大的方向做台面,从而提高台面的耐磨度。

七、琢型与包体

大部分宝石的包体在加工时应尽量去除,实在无法去除的要把它放在不显眼的位置,如蓝宝石的色带通常放在靠近腰部且平行于台面的位置,这样看起来宝石整体颜色更均匀一些。还有一些宝石的包体可以使宝石产生特殊光学效应,如有平行排列的针状包体的宝石,应加工成弧面型,以展示猫眼效应;又如有昆虫包体的琥珀具有很好的观赏价值,常加工成随形。

习 题

一、判断题

1. 刻面型宝石表面可见到很好的猫眼效应。　　　　　　　　　(　　)

2.折射率高的宝石宜加工成标准圆钻型。　　　　　　　　（　　）

二、选择题

1.祖母绿拥有明艳的颜色,且具有很强的脆性,通常切磨成(　　)。
　A.圆刻面型　　　B.椭圆弧面　　　C.阶梯型　　　D.玫瑰琢型

2.具有特殊猫眼和星光效应的宝石品种宜加工成(　　)。
　A.凹凸型　　　　B.刻面型　　　　C.浮雕型　　　D.弧面型

3.钻石切磨的角度要求十分严格,目的是使钻石展示出最好的(　　)。
　A.晕彩　　　　　B.色彩　　　　　C.火彩　　　　D.变彩

主要参考文献

陈钟惠,2007.珠宝首饰英汉词典[M].3版.武汉:中国地质大学出版社.

李娅莉,薛秦芳,李立平,等,2016.宝石学教程[M].3版.武汉:中国地质大学出版社.

廖宗廷,周祖翼,2009.宝石学概论[M].3版.上海:同济大学出版社.

林培英,2005.晶体光学与造岩矿物[M].北京:地质出版社.

刘自强,2016.地球科学通论[M].2版.武汉:中国地质大学出版社.

罗益清,1995.宝石与宝石矿[M].北京:地质出版社.

全国珠宝玉石标准化技术委员会,2017.珠宝玉石 鉴定:GB/T 16553—2017[S].北京:中国标准出版社.

全国珠宝玉石标准化技术委员会,2017.珠宝玉石 名称:GB/T 16552—2017[S].北京:中国标准出版社.

杨坤光,袁晏明,2019.地质学基础[M].2版.武汉:中国地质大学出版社.

英国宝石协会和宝石检测实验室,2004.宝石学基础教程[M].陈钟惠,译.武汉:中国地质大学出版社.

曾广策,2017.晶体光学及光性矿物学[M].3版.武汉:中国地质大学出版社.

赵其强,1999.宝玉石地质基础[M].北京:地质出版社.

赵珊茸,2017.结晶学及矿物学[M].3版.北京:高等教育出版社.

周汉利,2007.宝石琢型设计及加工工艺学[M].武汉:中国地质大学出版社.